Emico Okuno

RADIAÇÃO

efeitos, riscos e benefícios

Grafia atualizada conforme o Acordo Ortográfico da Língua Portuguesa de 1990, em vigor no Brasil desde 2009.

Capa e projeto gráfico Malu Vallim
Diagramação Vinicius Araujo
Preparação de textos Helio Hideki Iraha
Revisão de textos Mariane Torres
Impressão e acabamento Bartira gráfica e editora Eireli

Dados Internacionais de Catalogação na Publicação (CIP)
(Câmara Brasileira do Livro, SP, Brasil)

Okuno, Emico
Radiação : efeitos, riscos e benefícios / Emico Okuno. -- São Paulo : Oficina de Textos, 2018.

Bibliografia
ISBN 978-85-7975-299-5

1. Física nuclear 2. Medicina nuclear 3. Radiação - Dosimetria 4. Radiação - Efeito fisiológico 5. Radiação - Medidas de segurança 6. Radiação ionizante I. Título.

18-14398 CDD-539.77

Índices para catálogo sistemático:
1. Dosimetria : Radiações : Física atômica e nuclear 539.77
2. Radiações : Dosimetria : Física atômica e nuclear 539.77

Rua Cubatão, 798
CEP 04013-003 São Paulo SP
tel. (11) 3085-7933
www.ofitexto.com.br
atend@ofitexto.com.br

apresentação

Os raios X foram descobertos em 1895 por Wilhelm Röntgen, e a radioatividade, em 1896 por Henri Becquerel, ao verificar que emissões de minério de urânio eram capazes de revelar um filme fotográfico.

Pierre e Marie Curie separaram quimicamente do minério o elemento químico denominado rádio, no qual se originavam as radiações, o que aumentou enormemente a intensidade dessas emissões, que se descobriu depois serem radiações, elétrons, partículas alfa e raios gama emitidos pelos átomos de rádio.

As características positivas das radiações se tornaram logo evidentes: fazer radiografias de órgãos humanos, gamagrafias industriais e inúmeras outras aplicações industriais não destrutivas.

As características negativas também se tornaram evidentes: Marie Curie morreu de câncer cerca de 30 anos após ter iniciado a manipulação de materiais radioativos ao purificar o rádio. Como se descobriu mais tarde, a radiação ionizante destrói o DNA dos seres vivos, causando mutações e câncer. Mais ainda, os efeitos da radioatividade são cumulativos.

Neste livro, a pesquisadora Emico Okuno, do Laboratório de Dosimetria das Radiações e Física Médica do Instituto de Física da Universidade de São Paulo, que se destaca como uma das melhores especialistas nessa área no Brasil, discute esses problemas em profundidade, ilustrando suas análises com o que ocorreu nas explosões nucleares de Hiroshima e Nagasaki e em acidentes nucleares como Chernobyl e Fukushima, além dos acidentes radioativos de Goiânia e outros similares.

É um relato sóbrio e objetivo dos efeitos, riscos e benefícios das radiações nucleares que deve ser lido por todos que convivem com esses problemas e pelo público em geral que procura entender as controvérsias que existem em torno do uso pacífico ou militar da energia nuclear.

Professor José Goldemberg
Universidade de São Paulo
Agosto de 2015

prefácio à segunda edição

Apesar de terem se passado 29 anos desde a primeira edição deste livro, os dois primeiros parágrafos do prefácio à primeira edição continuam válidos.

A presente obra contém 11 capítulos, todos atualizados e alguns inéditos, como os referentes ao Projeto Manhattan (Cap. 3), a reatores nucleares (Cap. 6) e a acidentes nucleares (Cap. 7).

Um estudo completo sobre a segurança dos reatores nucleares havia sido feito em meados da década de 1970, para a Comissão de Energia Atômica dos Estados Unidos, por um grupo dirigido pelo professor Norman Rasmussen, do Instituto de Tecnologia de Massachusetts. Esse estudo teve por objetivo estimar realisticamente os riscos de acidentes em reatores nucleares, uma vez que os Estados Unidos pretendiam investir na construção de reatores nucleares para a geração de eletricidade. Desse estudo resultou o Relatório Rasmussen WASH 1400, The reactor safety study (NUREG 75/014), em que, entre outros, consta que a probabilidade de um acidente com o derretimento do núcleo do reator é extremamente baixa, da ordem de 5×10^{-5} por reator por ano. Entretanto, contrariamente às previsões do relatório, acidentes muito graves aconteceram nos reatores de Three Mile Island e de Chernobyl em um intervalo razoavelmente pequeno, respectivamente em 1979 e 1986. Desde a primeira edição do livro, ocorreu mais um acidente devastador, dessa vez nos reatores nucleares de Fukushima Dai-ichi, em março de 2011, mostrando a total falha do relatório. Esse acidente se deu em consequência de um terremoto de magnitude 9 seguido de um maremoto e um tsunami de 13 m a 15 m de altura, ultrapassando os paredões de proteção dos reatores, com 5,7 m de altura. Esses acidentes estão levando alguns países a desativar todos os seus reatores por causa das terríveis consequências e a investir em outras fontes renováveis de energia.

A cada acidente em algum reator nuclear do mundo, reacende a curiosidade e o temor da população sobre os efeitos da radiação na saúde humana e no ambiente. Além disso, a cada dia há mais médicos das mais variadas especialidades pedindo exames com radiação ionizante, que em alguns casos poderiam ser substituídos por outro tipo de exame menos invasivo.

Continuo enfatizando a importância de se efetuar um levantamento da relação risco/benefício para cada caso específico antes de se expor à radiação, e usá-la com o máximo de benefício toda vez que se fizer necessário. Para dirimir as dúvidas gerais dos leitores, de modo que possam fazer a opção conscientemente, escrevi este livro em linguagem simples, na tentativa de esclarecimento.

Gostaria de informar que o que mais me surpreendeu durante os 29 anos desde a primeira edição desta obra foram as descobertas de inúmeros plágios do livro como um todo ou de partes dele através da internet. Também encontrei na internet, por puro acaso, uma tradução do livro para o espanhol sem minha autorização e tampouco da editora e que foi espalhada em universidades da América Latina. Alguns amigos me disseram para ficar satisfeita com os plágios e que, se os fizeram, é pela excelência da obra.

Agradeço a toda a equipe da Editora Oficina de Textos, representada por Shoshana, Marcel, Malu e Hélio, pelo constante incentivo e pelo esmero e eficiência na produção da presente obra.

Emico Okuno

Professora Sênior do Instituto de Física da Universidade de São Paulo

São Paulo, janeiro de 2018

prefácio à primeira edição

Há alguns anos venho acalentando a idéia de escrever um livro sobre radiações. Isso porque o assunto é moderno, com um número infindável de aplicações importantes e, no entanto, praticamente nada sobre o tema se encontra em português, nas livrarias. Além disso, o interesse do público em geral pelas radiações vem aumentando consideravelmente nos últimos anos, tendo muitas vezes como estopim acidentes que, infelizmente, ocorreram. Este texto poderia auxiliar os estudantes de nível médio em seus trabalhos escolares e dirimir dúvidas suscitadas pela avalanche de notícias veiculadas por órgãos de informação não especializada.

Em cursos de nível médio, a Física das radiações, que faz parte da Física moderna, quase nunca é ministrada porque as horas-aulas de Física já são insuficientes para discorrer só sobre o que é exigido nos exames vestibulares, e também porque os próprios mestres possuem pouco conhecimento nessa área. Isso se deve ao fato de que a Física das radiações não faz parte do elenco de disciplinas obrigatórias de quase todas as escolas de bacharelado e licenciatura em Física. Mesmo no Instituto de Física da Universidade de S. Paulo, a Física das radiações é uma disciplina optativa. Algo mais dificulta a difusão das aplicações das radiações e dos conhecimentos relacionados com as próprias radiações: conceitos físicos básicos, radioproteção, efeitos biológicos – seus fundamentos são essencialmente multidisciplinares.

Tentei escrever este texto em uma linguagem fluente e didática e espero não ter perdido a precisão. Gostaria que o(a) leitor(a) chegasse ao fim deste livro, mesmo que fosse através de leitura dinâmica de alguns tópicos enfadonhos. Espero conseguir passar a mensagem sobre a importância de se efetuar um levantamento da relação risco/benefício para cada caso específico antes de se expor à radiação, e usá-la com um máximo de benefício toda vez que se fizer necessário.

São Paulo, agosto de 1988

sumário

introdução

No dia 1º de outubro de 1987, os brasileiros tomaram conhecimento, por meio dos jornais, de um acidente radiológico ocorrido na cidade de Goiânia (IAEA, 1988). Um aparelho de radioterapia em desuso tinha sido levado de um prédio abandonado no dia 13 de setembro por Roberto S. A. e Wagner M. P., dois catadores de papel, e seis dias depois vendido a um ferro-velho pelo equivalente a US$ 25. O acidente não teria sido tão trágico se a fonte de césio-137, uma peça metálica de 3,6 cm de diâmetro por 3,0 cm de altura contida no aparelho, não tivesse sido violada. No interior da peça havia uma pastilha feita com 19,26 g de cloreto de césio radioativo mais um aglutinante, perfazendo um total de 91,9 g, equivalente em massa a dois pães franceses. A atividade do césio na ocasião do acidente era de 1.375 Ci (curies), ou, em unidade do Sistema Internacional (SI), $5{,}09 \times 10^{13}$ Bq (becquerels). Após o desmantelamento total da fonte de césio, pedacinhos da pastilha de césio do tamanho de grãos de arroz que emitiam uma luz azulada misteriosa foram distribuídos entre amigos e parentes do dono do ferro-velho para o qual o aparelho de radioterapia tinha sido vendido. Assim, a contaminação foi se espalhando e resultou na morte de quatro pessoas no período de um mês após a violação da fonte de césio-137. A Agência Internacional de Energia Atômica (IAEA) classificou esse acidente como de nível 5, segundo a Escala Internacional de Evento Nuclear e Radiológico (Ines, do inglês International Nuclear and Radiological Event Scale), que vai de 1 a 7 (IAEA, 2009).

Acidentes com fontes radioativas têm ocorrido em diversas partes do mundo, infelizmente. Entre eles, merece ser citado o acidente com uma fonte de cobalto-60 de um aparelho de radioterapia Picker 3000 que aconteceu em Ciudad Juárez (Ministerio de Energia y Minas, 1984), no México, em dezembro de 1983 e que só veio a ser descoberto, por acaso, um mês depois. Essa fonte, com uma atividade de 430 Ci ($1{,}59 \times 10^{13}$ Bq), era constituída de 6.010 esferas metálicas de 1 mm cada de cobalto-60. As consequências desse acidente foram menos sérias do que as do acidente de Goiânia porque a fonte radioativa, por ser de metal, não pôde ser transformada em pó e consequentemente não espalhou a contaminação, além de sua atividade ser mais baixa. Ali também o aparelho foi levado de um depósito de hospital a um ferro-velho, onde foi desmantelado e todas as esferinhas metálicas foram espalhadas. Três fundições, duas no México e uma nos Estados Unidos, receberam sucatas desse ferro-velho e transformaram-nas em barras de aço e pés de mesa, que foram comercializados e tiveram que ser rastreados e recolhidos após a descoberta do acidente.

Outro trágico acidente de nível 3, segundo a Ines, com a fonte de cobalto-60 de um aparelho de radioterapia aconteceu em Samut Prakan, na Tailândia, em fevereiro de 2000 (IAEA, 2002). Também nesse caso o aparelho foi levado de um local em que estava mal armazenado e vendido como sucata para um ferro-velho, onde foi desmantelado. A fonte de cobalto-60 foi retirada da blindagem e misturada com todo o entulho do ferro-velho. As pessoas que a desmantelaram tiveram vômito e diarreia em seguida. Ao todo, dez pessoas, incluindo trabalhadores do ferro-velho, receberam altas doses de radiação, sendo que três delas morreram dois meses após o início da exposição. A atividade da fonte na ocasião do acidente era de $1{,}57 \times 10^{13}$ Bq, quase a mesma do acidente de Goiânia. Moradores da vizinhança de um templo budista onde uma das vítimas seria cremada, como é o costume local, protestaram e dificultaram a cremação, pois acreditavam que ela poderia espalhar a contaminação. No entanto, isso não iria acontecer, pois, diferentemente da pastilha de césio-137 do acidente de Goiânia, que foi transformada em pó, a fonte de cobalto-60, nesse caso, era uma única peça metálica e não contaminou ninguém, apesar de ter irradiado quase duas mil pessoas que moravam em um raio de 100 m do ferro-velho.

Inúmeros acidentes com aparelho portátil de gamagrafia industrial contendo uma fonte radioativa, principalmente de irídio-192, têm ocorrido em diversas partes do mundo. Com esse equipamento, faz-se um teste dito não destrutivo, que radiografa peças grandes sem sua remoção a um laboratório e sem desmontá-las. A fonte propriamente dita está ligada a um cabo de aço e engate. Esse conjunto é do tamanho, em comprimento e diâmetro, de uma caneta esferográfica e fica dentro de uma blindagem, de onde é retirado no campo e engatado a um cabo longo. Os acidentes costumam ocorrer porque o engate se solta do cabo e, assim, a fonte não é recolhida quando o trabalho termina e fica no campo, sem que a equipe que realiza o teste perceba, por falta de cuidado. Em vários casos, a fonte é encontrada por uma pessoa que nem sequer imagina o que ela possa ser e que a leva para casa, expondo a si própria e todos que fiquem próximos à fonte.

Um terrível acidente desse tipo ocorreu na Central Hidrelétrica de Yanango, no Peru, em fevereiro de 1999, quando o senhor Concepción Cacya Cardenas, de 37 anos, soldador de uma empresa, encontrou no chão uma fonte de irídio-192 com atividade de $1{,}32 \times 10^{12}$ Bq (IAEA, 2000a). Sem saber do que se tratava, apanhou-a com a mão e a colocou no bolso traseiro de sua calça, ficando com a fonte em seu bolso durante várias horas. No fim do dia, ele pegou um micro-ônibus com mais 15 pessoas e foi para casa. O soldador chegou à sua residência mancando, com dores na perna. Ali se encontravam sua esposa e seus três filhos, que acabaram também recebendo dose. Pensando que a dor era devida a uma picada de inseto, pediu à esposa para passar uma pomada no local, quando percebeu que estava com aquilo que poderia ser a causa da dor. O soldador apanhou a fonte e a jogou no quintal. Já era tarde, pois ele havia recebido uma dose altíssima, que originou a formação de uma bolha enorme que se transformou em uma úlcera grave. Essa ferida piorava a cada dia, de modo que não houve jeito a não ser a amputação da perna, realizada em agosto de 1999.

Além dos acidentes radiológicos mencionados, acidentes sérios em reatores nucleares têm também ocorrido. Entre os mais graves, em ordem cronológica, é possível citar o de Windscale, no Reino Unido, em outubro de 1957 (UKAEA, 2001), o de Three Mile Island, nos Estados Unidos, em março de 1979 (Three..., 2001), o de Chernobyl, na Ucrânia, em abril de 1986 (Wise; Nirs, 2011), e os de Fukushima Dai-ichi, no Japão, em abril de 2011 (Fukushima..., s.d.), classificados como de nível 5, 5, 7 e 7, respectivamente.

A polêmica sobre reatores nucleares de potência para a geração de energia elétrica voltou a ser acirrada depois do terrível acidente nos reatores da central nuclear de Fukushima Dai-ichi. Mas, afinal, quais são as consequências desses acidentes no ambiente e nos seres humanos? De que dependem os efeitos biológicos? Existe diferença entre contaminação e irradiação? Os capítulos que se seguem discorrerão sobre esses tópicos.

1 História das Radiações: os primeiros 50 anos

1.1 A descoberta dos raios X

A história das radiações começou no fim do ano de 1895, com a descoberta dos raios X por Wilhelm Conrad Röntgen (1845-1923), então com 50 anos, professor da Universidade de Würzburg, na Alemanha (Wilhelm..., 2014). Röntgen (Fig. 1.1) dava cinco horas de aula todas as manhãs e à tarde dedicava-se à pesquisa. Ele era um pesquisador solitário e nessa época estudava descargas elétricas em um tubo de vidro chamado de tubo de Crookes ou tubo de raios catódicos a uma pressão extremamente baixa. O tubo continha dois eletrodos metálicos aos quais se aplicava uma diferença de potencial que acelerava elétrons emitidos pelo catodo para o anodo. No centro do anodo havia um furo por onde passavam os raios catódicos que incidiriam do outro lado do tubo, pintado com uma substância fluorescente, formando uma região brilhante.

Foi na noite de 8 de novembro de 1895 que Röntgen observou uma **luminescência** fraca no fundo do tubo ao aplicar uma diferença de potencial de algumas dezenas de kilovolts entre os eletrodos. Ele apagou a luz da sala para observá-la melhor, e qual não foi sua surpresa ao notar que uma placa de vidro pintada com platinocianeto de bário colocada a cerca de 2 m de distância também luminescia! O fenômeno ainda se repetia, mesmo cobrindo o tubo com papelão preto. Ele pôs então um livro entre o tubo e a placa de vidro, mas esta continuava luminescendo toda vez que o tubo era ligado. O livro foi substituído por uma placa de madeira e depois por uma folha fina de alumínio. Os raios atravessavam tudo, inclusive sua mão.

Fig. 1.1 *Foto de Wilhelm Conrad Röntgen*

Röntgen continuou a investigação durante as sete semanas seguintes e descobriu que os responsáveis pela luminescência da placa não eram os raios catódicos produzidos, pois estes possuíam uma capacidade de penetração no ar de somente uns poucos centímetros. Ele concluiu que o tubo emitia raios muito mais potentes, ainda desconhecidos e que podiam até atravessar sua mão, o que poderia vir a ser uma verdadeira revolução tecnológica. Chamou-os de **raios X**, simplesmente por questão de brevidade, como escreveu no primeiro artigo relatando a descoberta. No dia 22 de dezembro, tirou a primeira **radiografia**, que foi a da mão de sua esposa (Fig. 1.2), expondo-a durante 15 minutos, tempo enorme por causa da baixa sensibilidade dos filmes da época. Talvez ele suspeitasse que esses raios pudessem provocar algum efeito danoso. Por essa descoberta, Röntgen foi agraciado com o primeiro Prêmio Nobel de Física, em 1901, cujo prêmio em dinheiro doou à Universidade de Würzburg. Essa descoberta provocou uma revolução na Medicina Diagnóstica, tendo sido classificada como uma das dez mais importantes da Medicina por Friedman e Friedland (2000).

Antes de continuar a história das radiações, vale a pena mencionar que os raios catódicos nada mais são do que um feixe de elétrons. Em 1897, Joseph John Thomson (1856-1940) mediu a velocidade e a razão (carga elétrica)/(massa das partículas emitidas pelo catodo de um tubo de raios catódicos) e sugeriu chamá-las de corpúsculos, hoje conhecidos como elétrons, com massa 1.800 vezes menor que a de um átomo de hidrogênio.

1.2 A descoberta da radioatividade

Em 20 de janeiro de 1896, **Antoine Henri Becquerel** (1852-1908), professor de Física da Escola Politécnica de Paris, então com 44 anos, estava presente na sessão da Academia de Ciências de Paris na qual Henry Poincaré (1854-1912) relatou a descoberta de Röntgen, isto é, a emissão de radiação altamente penetrante pela parede fosforescente de um tubo de raios catódicos (Allisy, 1996). Essa academia, fundada por Luís XIV em 1666, reunia importantes cientistas.

Becquerel interessou-se pelo assunto porque tanto seu pai quanto seu avô, assim como ele próprio, haviam trabalhado com materiais **fosforescentes**. Desse modo, ele imediatamente direcionou sua pesquisa para descobrir se seus materiais apresentavam alguma propriedade que pudesse ser correlacionada com a descoberta de Röntgen. Trinta e cinco dias depois, relatou na Academia de Ciências ter encontrado manchas escuras em um filme fotográfico, embrulhado com papel preto e colocado sobre um sal de urânio, fosforescente, que ele havia exposto ao sol durante poucas horas. Ele atribuiu essas manchas à absorção de luz solar de uma dada cor seguida da emissão de luz de outra cor, de menor energia, fenômeno conhecido como fluorescência. Vale aqui uma nota sobre a fluorescência e a fosforescência. No primeiro caso, a emissão de luz ocorre quase que imediatamente após a excitação, enquanto no segundo caso é mais demorada.

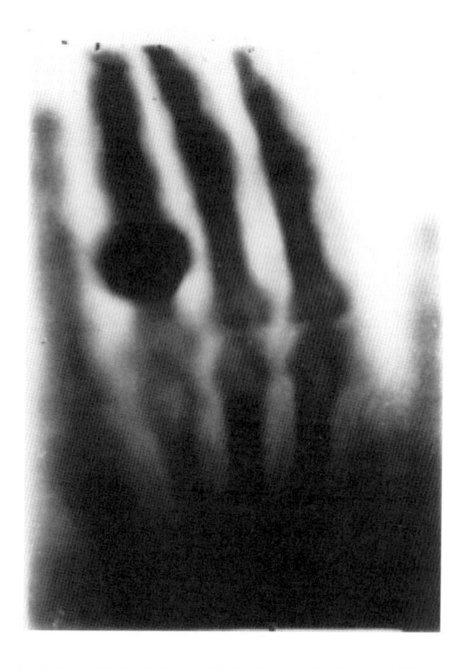

Fig. 1.2 *Radiografia da mão esquerda da Sra. Anna Bertha Ludwig (1839-1919), esposa de Röntgen, tirada em 22 de dezembro de 1895*

Nos dias subsequentes, Becquerel tentou repetir o experimento, agora com dois cristais de sulfato duplo de urânio e potássio e com uma cruz de cobre interposta entre um dos cristais e o filme. Por azar ou por sorte, o tempo ficou nublado e ele teve que guardar o pacote numa gaveta da escrivaninha, à espera de um dia ensolarado. Como os dias continuaram nublados, ele decidiu revelar o filme, esperando ver manchas muito claras em virtude da iluminação difusa. Qual não foi sua surpresa ao observar manchas muito mais escuras (ver Fig. 1.3) do que as obtidas em experimento anterior. Becquerel então repetiu o experimento, agora com os sais uranosos, que não são fosforescentes. Também nesse caso houve a sensibilização das chapas fotográficas, o que o levou a concluir que esse era um fenômeno espontâneo, novo, e que a emissão de radiação penetrante capaz de atravessar folhas metálicas dependia exclusivamente do urânio, e não da fonte de excitação, como luz, calor ou eletricidade. Becquerel descobriu que os raios emitidos pelo sal de urânio apresentavam uma grande similaridade com os raios X recentemente descobertos por Röntgen, pois, assim como estes, também produziam descarga de corpos eletrificados.

Em dezembro de 1891, Maria Sklodowska (1867-1934), uma jovem polonesa de 24 anos, foi a Paris estudar na Sorbonne, um sonho acalentado durante anos enquanto dava aulas particulares e estudava várias matérias em livros escritos em diferentes línguas (Marie..., 2014). Quando uma de suas irmãs, Bronya, foi a Paris estudar Medicina, uma vez que na Polônia não era permitido às mulheres cursar essa faculdade, foi Maria quem ajudou em seu sustento. Depois de formada, foi a vez de Bronya ajudar Maria a estudar na Sorbonne. Após concluir sua licenciatura em Física e em Matemática, Maria

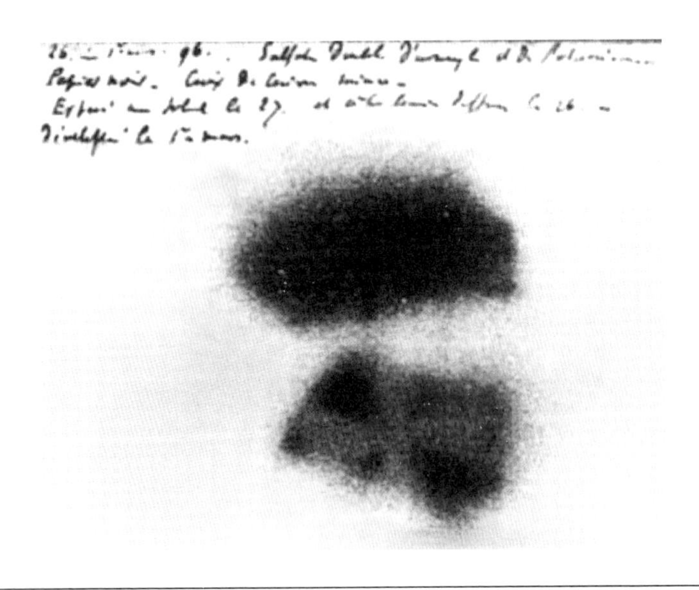

Fig. 1.3 *Radiografia com o contorno dos dois cristais de sulfato duplo de urânio e potássio e com uma cruz de cobre interposta entre um dos cristais e o filme. As anotações são do próprio Becquerel*

Fonte: *Allisy (1996).*

casou-se com **Pierre Curie** (1859-1906), passando a se chamar Mme. **Marie Curie**. Pierre já era cientista de renome, pois havia descoberto a piezoeletricidade juntamente com seu irmão Jacques.

Em fins de 1897, Mme. Curie iniciou sua tese de doutorado, cujo tema era o estudo da natureza dos "raios de Becquerel". Nessa época, Irène, sua primogênita e futura ganhadora do Prêmio Nobel, estava com cerca de 2 meses. Logo que se pôs a trabalhar, Mme. Curie teve a ideia de que o fenômeno observado não podia ser específico do urânio, devendo existir outros materiais com a mesma propriedade. O rumo da pesquisa foi então modificado, e ela passou a procurar sistematicamente outros materiais que emitissem os "raios de Becquerel". De fato, logo a seguir, ela descobriu que o tório também emitia espontaneamente radiação semelhante à emitida pelo urânio e com intensidade análoga, comprovando sua previsão. Continuando suas pesquisas, Mme. Curie verificou que a **pechblenda**, um mineral de urânio, apresentava atividade radioativa muito alta, não explicável por seu conteúdo de urânio. Por causa dessas interessantes novidades, Pierre se associou a Marie nas pesquisas. O laboratório do casal era um hangar (ver Fig. 1.4) com teto de vidro quebrado que provocava goteiras quando

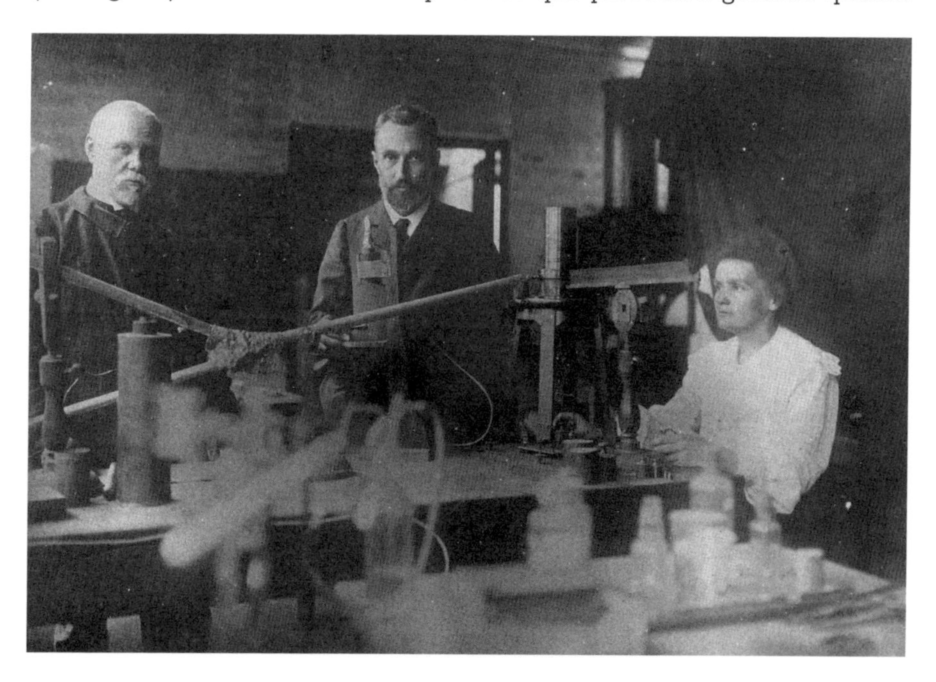

Fig. 1.4 *Foto do casal Pierre e Marie Curie tirada no hangar em 1898*

chovia, além de fazer muito calor no verão e, por falta de aquecimento, frio no inverno. Ambos davam muitas aulas para sobrevivência e trabalhavam arduamente em pesquisa no pouco tempo que restava.

Em julho de 1898, eles publicaram um artigo em que afirmavam ter extraído da pechblenda um metal com alta **radioatividade** – palavra usada aqui pela primeira vez – até então desconhecido. Caso sua existência fosse confirmada, sugeriram chamá-lo de **polônio**, em homenagem à Polônia, pátria de Mme. Curie, então sob domínio da Rússia Czarista. Alguns meses depois, no dia 26 de dezembro de 1898, o casal Curie informou à Academia de Ciências ter descoberto um novo elemento químico bastante radioativo, sugerindo chamá-lo de **rádio**, termo proveniente do latim *radium*, que significa "raio". Após a determinação de sua massa atômica, ambos os elementos passaram a constar da Tabela Periódica de Mendeléev. Em particular, o rádio teve um papel extremamente importante no início das pesquisas do tratamento do câncer.

Em 1903, Becquerel e o casal Curie ganharam o Prêmio Nobel de Física pela descoberta da emissão espontânea da radiação e pelas pesquisas sobre o fenômeno da radioatividade descoberto por Becquerel.

Na tarde chuvosa de 19 de abril de 1906, aos 46 anos, Pierre morreu atropelado por uma carroça quando foi atravessar a rua Dauphine, em Paris, deixando Marie viúva com somente 38 anos e duas filhas, Irène, de 9 anos, e Ève, de 2 anos. Quatro anos depois, Mme. Curie teve um *affair* com Paul Langevin (1872-1946), casado e com quatro filhos, que fora estudante de doutorado de Pierre Curie. Em 1911, foi anunciado um segundo Prêmio Nobel a Mme. Curie, agora de Química, por seus trabalhos relativos ao isolamento do rádio, que só foi conseguido em 1910. Svante Arrhenius (1859-1927), membro da Academia da Suécia, escreveu-lhe dizendo que, por prudência, seria melhor que ela não comparecesse à cerimônia de entrega do prêmio, porque os ânimos estavam exaltados pelas notícias de que em Paris havia gente gritando, em frente a seu apartamento, "ladra de maridos, volte para a Polônia!". A despeito de tudo, ela compareceu à festa de entrega do prêmio e em seu discurso reafirmou que as descobertas do polônio e do rádio tinham sido feitas por ela e por Pierre, em colaboração.

Mme. Curie faleceu em 4 de julho de 1934 de anemia aplástica devido aos efeitos danosos da intensa exposição à radiação. É a única mulher até hoje a receber dois Prêmios Nobel (no caso de homens, quatro receberam dois Prêmios Nobel). Irène Curie (1897-1956) e Jean Frédéric Joliot-Curie

(1900-1958), sua filha e seu genro, respectivamente, ganharam o Prêmio Nobel de Química em 1935 pela descoberta da transmutação artificial de elementos químicos. Por sua vez, o ex-embaixador dos Estados Unidos na Grécia Henry Richardson Labouisse (1904-1987), marido de Ève Denise Curie (1904-2007), sua outra filha, recebeu o Prêmio Nobel da Paz em 1965. Assim, a família Curie contabiliza cinco Prêmios Nobel. E, embora a relação entre Mme. Curie e Paul Langevin não tenha tido um final feliz, seus respectivos netos Gabrielle Hélène Joliot-Curie (1927-) e Michel Langevin (1926-1985) se casaram em 1948.

1.3 Desintegração radioativa

Pelos idos de 1894, um jovem cientista neozelandês de 23 anos chamado **Ernest Rutherford** (1871-1937) recebeu uma bolsa de estudos para ir ao Trinity College, em Cambridge, a fim de realizar pesquisas no Cavendish Laboratory, liderado pelo famoso Joseph John Thomson (1856-1940) (Ernest..., 2014). Quatro anos depois, em 1898, ele foi para Montreal, no Canadá, para ocupar uma vaga na McGill University, onde iniciou os estudos para desvendar a natureza dos "raios de Becquerel". Após um ano de estudos, reportou a existência dos raios alfa e beta na radiação emitida pelo urânio, sendo um deles facilmente absorvido, e o outro, muito mais penetrante, e ambos desviados por campo magnético, só que em direções opostas. Um ano mais tarde, Paul Villard (1860-1934) identificou um terceiro tipo de radiação emitida pelo urânio, que recebeu o nome de radiação gama e, ao contrário dos dois primeiros tipos, não sofria deflexão em campos magnéticos.

Foi também Rutherford quem estabeleceu que a natureza da radiação gama era a mesma dos raios X e quem criou a teoria da **desintegração radioativa**, juntamente com Frederick Soddy (1877-1956). Rutherford voltou ao Reino Unido em 1907 como professor da Universidade de Manchester e ganhou o Prêmio Nobel de Química em 1908.

Em 1910, ele propôs a seu colaborador Hans Wilhelm Geiger (1882-1945) e ao discípulo deste, Ernest Marsden (1889-1970), a realização de um experimento sobre o espalhamento, através de uma fina folha de ouro, de partículas alfa emitidas pelos núcleos do polônio. O propósito desse experimento era verificar qual dos dois modelos de átomo – o modelo de J. J. Thomson, de pudim de passas, e o modelo saturnino de Hantaro Nagaoka (1865-1950) – melhor descrevia um átomo. Os resultados confirmaram as duas previsões do modelo de Nagaoka e levaram Rutherford a postular que quase toda a massa do átomo que é neutro se encontra em seu minúsculo núcleo, carregado positivamente e rodeado pelos elétrons negativos, que giram a seu redor.

Rutherford sucedeu J. J. Thomson na liderança do Cavendish Laboratory em 1919 e morreu em 1937, tendo suas cinzas sido colocadas na abadia de Westminster, ao lado das tumbas de Isaac Newton (1642-1727) e Lord Kelvin (1824-1907).

Até 1934, as radiações utilizadas na Medicina eram os raios X, produzidos por tubos de raios X, e as **radiações alfa**, **beta** e **gama**, emitidas por **radionuclídeos** naturais. Em 1934, Irène Curie, filha de Mme. Curie, e seu marido, Frédéric Joliot-Curie, pela primeira vez produziram artificialmente os elementos radioativos fósforo-30 e nitrogênio-13, bombardeando alumínio e boro, respectivamente, com partículas alfa ($^{4}_{2}He$) emitidas pelo polônio. Isto é, eles conseguiram transmutar elementos comuns que não eram radioativos em elementos radioativos. As reações nucleares correspondentes são:

$$^{27}_{13}Al + ^{4}_{2}He \rightarrow (^{31}_{15}P) \rightarrow ^{30}_{15}P + ^{1}_{0}n \qquad ^{10}_{5}B + ^{4}_{2}He \rightarrow (^{14}_{7}N) \rightarrow ^{13}_{7}N + ^{1}_{0}n$$

em que $^{30}_{15}P$ e $^{13}_{7}N$ são radioativos.

Desde então, radionuclídeos dos mais diferentes tipos têm sido produzidos bombardeando-se elementos não radioativos com partículas produzidas e aceleradas por máquinas. Entre essas máquinas está o cíclotron, desenvolvido a partir de 1930 por Ernest Orland Lawrence (1901-1958) e Milton Stanley Livingston (1905-1986), e o reator de fissão, desenvolvido por Enrico Fermi (1901-1954) durante a Segunda Guerra Mundial. Hoje em dia, a radiação emitida por esses radionuclídeos é utilizada nas mais diferentes áreas, podendo-se citar, entre as mais importantes, a diagnose e a terapia de doenças, os ensaios não destrutivos, a conservação de alimentos, a **esterilização** de materiais cirúrgicos e médicos, a produção de nova variedade de plantas, a coloração de cristais etc.

Entretanto, a radiação provoca danos nos seres humanos. Qualquer uso que se faça dela deve, portanto, ser feito de forma criteriosa, aplicando conceitos de **proteção radiológica**, e com responsabilidade. No início da história da radiação, pouco se sabia sobre seus efeitos danosos e quase nada sobre seus efeitos tardios. Por não terem tomado o devido cuidado, cientistas precursores tiveram queimaduras na pele, e muitos morreram precocemente de leucemia ou algum tipo de câncer sólido.

Ainda hoje, muitas pessoas se enterram nas areias monazíticas de Guarapari (ES), ricas em tório, para o tratamento das mais variadas doenças, tais como reumatismo e artrite. Na internet, há propagandas sobre as areias monazíticas informando serem areias escuras e ricas em monazita, com poder medicinal e alto teor de radioatividade. Alguns anos atrás, certos rótulos de água mineral ostentavam como propaganda seu nível de radioatividade. Hoje, não mais.

1.4 Início da radioterapia

Logo após o anúncio da descoberta dos raios X por Röntgen, a pele da mão esquerda de **Émil Herman Grubbé** (1875-1960), estudante de Medicina e fabricante de tubos de raios catódicos, já apresentava dermatite aguda devido à constante exposição a esses raios (Frame, s.d.). No dia 27 de janeiro de 1896, ele compareceu à consulta com seu professor da Escola de Medicina de Hahnemann. Nessa consulta estavam também presentes outros dois médicos, e um deles comentou que um agente capaz de provocar danos tão severos em células normais poderia ser utilizado como agente terapêutico. O outro médico, John Ellis Gilman (1841-1916), por sua vez, pediu que Grubbé tratasse com esse agente uma paciente sua, Rose Lee, de 55 anos, que estava com um carcinoma na mama esquerda. O tratamento foi iniciado no dia 29 de janeiro de 1896, com uma hora de exposição por dia aos raios X durante 17 dias. Essa paciente veio a falecer três meses depois, mas Grubbé estava convicto de que o tratamento havia diminuído a taxa de crescimento do tumor.

Natural de Chicago, Grubbé foi provavelmente o primeiro americano a usar os raios X para o tratamento de câncer. Ele foi submetido a 93 cirurgias por causa de múltiplos problemas cutâneos decorrentes da exposição aos raios X sem nenhuma precaução, e em 1929 teve que amputar sua mão esquerda. Perdeu grande parte do nariz, do lábio superior e da mandíbula superior e morreu em 1960, com 85 anos, devido a múltiplos carcinomas escamosos com metástases.

No Brasil, a primeira instituição oncológica especializada em radioterapia, o Instituto do Radium, foi criada em 1922 nos fundos da Faculdade de Medicina da Universidade de Belo Horizonte, hoje Universidade Federal de Minas Gerais (UFMG), e teve à frente o médico Eduardo Borges Ribeiro da Costa (1880-1950), que havia conhecido Mme. Curie em 1920 na Europa (Andrade, 2015). Segundo esse autor, juntamente com sua primogênita, Irène, Mme. Curie veio em agosto de 1926 ao Brasil, onde passou 45 dias e proferiu uma série de conferências em diversas instituições sobre radioatividade e suas possíveis aplicações na Medicina. Ela trouxe consigo duas agulhas de rádio usadas no tratamento de tumores, as quais doou ao Instituto do Radium, que era mantido com recursos públicos e comprava as agulhas de rádio da França com certificados de dosagem assinados por Mme. Curie (Andrade, 2015).

1.5 Horas visíveis no escuro

Entre 1917 e 1926, cerca de quatro mil moças trabalhavam em empresas nos Estados Unidos e no Canadá pintando números e ponteiros de relógios com uma solução contendo rádio (ver Fig. 1.5) que os tornava luminescentes, de modo que as horas pudessem ser vistas no escuro (Rowland, 1994; Tragedies..., 2014). Para pintar bem sem borrar, elas afinavam o pincel nos lábios após molhá-lo na solução, ingerindo, dessa forma, um pouco de rádio radioativo todos os dias. Elas também pintavam suas unhas, lábios e botões das blusas com essa solução, assim como salpicavam um pouco dela nas blusas quando saíam para encontrar seus namorados à noite.

Fig. 1.5 *Moças pintando número e ponteiro de relógio com uma solução contendo rádio*

Depois de alguns anos, muitas moças começaram a apresentar anemia, câncer e fratura de ossos e necrose da mandíbula, porque o rádio, pela semelhança química com o cálcio, substitui-o nos ossos, de onde emite radiação. As primeiras mortes ocorreram em meados da década de 1920. Os vários estudos realizados, inclusive com a exumação de vários cadáveres para efetuar medidas de conteúdo de rádio nos ossos, levaram à associação entre ingestão de rádio e morte por sarcoma de ossos, carcinoma de cabeça, mieloma e câncer de mama. Segundo um relatório do Argonne National Laboratory de 1994, morreram 30 moças em Connecticut, 35 em Illinois e 41 em Nova Jersey em consequência da ingestão de rádio.

1.6 A primeira recomendação

Robley Dunglison Evans (1846-1912), autor do livro *The atomic nucleus*, a "bíblia" da Física Nuclear, deu muitas contribuições à Física Médica (Evans, 1933). Sua tese de doutorado versou sobre a medida da radiação de fundo terrestre e teve como orientador Robert Andrews Millikan (1868-1953), Prêmio Nobel de Física em 1923, principalmente pela determinação experimental da carga do elétron e da constante de Planck.

Em 1933, Evans fez as primeiras medidas do **radônio** exalado por 27 moças que pintavam mostradores de relógio e do conteúdo de rádio presente em suas excretas (Evans, 1933). Com base nessas medidas, o National Council on Radiation Protection & Measurements (NCRP) dos Estados Unidos, criado em 1929 com o nome de U. S. Advisory Committee on X-Ray and Radium Protection, apresentou suas recomendações em 1941: um trabalhador que apresentar um depósito de 0,1 µg de rádio em teste de ar expirado deve mudar de ocupação imediatamente; a concentração de radônio na atmosfera dos locais de trabalho não deve exceder 10^{-11} curie/L; a exposição do trabalhador à radiação gama não deve exceder 0,1 röntgen/dia. Essas recomendações foram publicadas pelo National Bureau of Standards no manual de número H27 em maio de 1941.

O rádio é um dos produtos da série de decaimento que começa com o urânio-238 e o tório-232 e termina no chumbo, que não é radioativo. Há vários isótopos de rádio, mas o mais comum é o rádio-226, que emite partícula alfa e tem meia-vida de 1.600 anos.

1.7 Solução radioativa para todos os males

Entre 1920 e 1930, o rádio radioativo entrou em moda como solução para todos os males, e também para revigorar a saúde e rejuvenescer. Assim, foram fabricados desde água – o **Radithor**, patenteado por **William J. A. Bailey** (1884-1949) (Radithor, s.d.) –, cigarros e chocolates até cremes dentais, cremes de beleza para o rosto e supositórios contendo esse elemento. Entre 1925 e 1930, foram vendidas ao redor de 400 mil a 500 mil garrafinhas de Radithor, sendo uma delas mostrada na Fig. 1.6. Elas chegaram a ser usadas no tratamento de hipertensão, nefrite, artrite, reumatismo e até mesmo esquizofrenia e no alívio de dores.

Um caso bastante citado na literatura relativa ao assunto é o de **Eben McBurney Byers** (1880-1932), jovem esportista famoso da alta sociedade e praticante de golfe (Eben..., s.d.). Em 1927, enquanto voltava de trem após o jogo de futebol entre Harvard e Yale, ele estava alcoolizado e caiu da parte superior do beliche, machucando seu braço. O fisioterapeuta consultado sugeriu que ele tomasse Radithor, que estimularia o sistema endócrino. Como uma garrafinha havia aliviado suas dores no braço, Byers decidiu tomar três delas por dia, tendo ingerido 1.400 garrafinhas até 1930, quando começou a emagrecer e a ter dores de cabeça e no corpo todo, principalmente nas mandíbulas, e a perder os dentes.

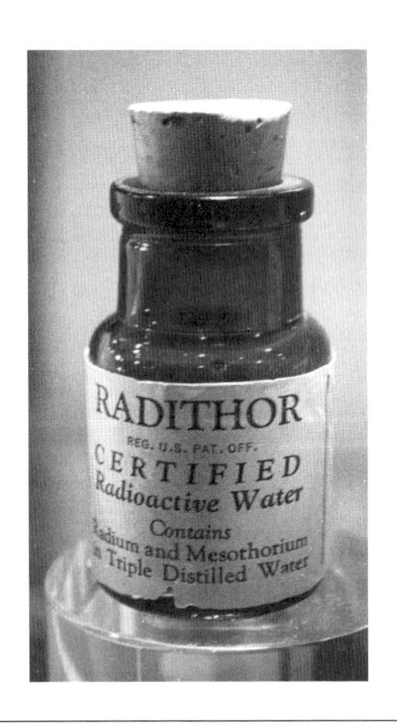

Fig. 1.6 *Radithor, fabricado por Bailey Radium Laboratories, em Nova Jersey*

Fonte: *Sam LaRussa (CC BY 2.0, https://flic.kr/p/FiP4bn).*

Uma radiografia da mandíbula tirada por sugestão de um médico foi analisada por um radiologista que já havia visto imagens similares – as das moças que pintavam mostradores de relógio. O radiologista concluiu o diagnóstico quando soube que ele consumira uma quantidade imensa de Radithor. Byers morreu em março de

1932, com 51 anos. Durante sua autópsia, um pedaço de dente e da mandíbula foi colocado sobre um filme de raios X, que revelou a emissão de radiação em alto nível. Ele foi enterrado num caixão forrado com chumbo.

Em 1929, o Conselho de Farmácia e Química da Associação Médica Americana anunciou que soluções de rádio e radônio não poderiam ser aceitas como agentes terapêuticos, por falta de evidências clínicas claras.

Mesmo após extensiva publicidade sobre os efeitos danosos da radiação nas moças que pintavam mostradores de relógio luminosos e em Eben Byers, de 1931 a 1933 foram administradas, em um hospital em Elgin (Illinois, EUA), de 70 µg a 450 µg de rádio a 41 pacientes com doenças mentais, mais propriamente esquizofrenia, sem a permissão deles (U. S. Department of Energy, 1995). Pelo menos quatro desses pacientes acabaram tendo câncer, e os resultados das experiências não foram liberados ao público.

Apesar das recomendações emitidas em 1941 referentes ao depósito máximo permissível de rádio-226 no corpo de trabalhadores, em um dos estudos realizados na Alemanha de 1948 a 1975, o rádio-224 foi injetado intravenosamente em 1.471 pacientes com tuberculose óssea e espondilite anquilosante (Wick et al., 2008), que é uma doença reumática inflamatória crônica que acomete as articulações da coluna vertebral. O grupo controle constava de 1.324 pessoas. O acompanhamento, que durou 26 anos, mostrou que as causas da morte foram registradas para 1.006 pacientes expostos contra 1.072 de controle. Foram observados, entre outros, 19 casos de leucemia no grupo exposto contra 12 no grupo controle, sendo 11 casos de leucemia mieloide no grupo exposto contra 4 no grupo controle.

Durante o desenvolvimento do Projeto Manhattan, de 1945 a 1947, 18 pacientes internados em quatro hospitais dos Estados Unidos receberam injeção de plutônio sem o conhecimento deles para o estudo dos efeitos desse elemento no corpo humano. Mais detalhes desses experimentos são dados no Cap. 3.

2 Um pouco de Física das Radiações

Tudo que existe na natureza é feito de átomos. Sendo talvez o ente mais sociável do universo, o átomo ocorre sempre em combinação com outro átomo ou com um grupo de átomos. Tais combinações formam moléculas. Os átomos são constituídos de prótons e de nêutrons, compactados no núcleo, e de elétrons fora dele. Os prótons e os nêutrons são, por sua vez, formados por *quarks*. Dois *quarks up* e um *quark down* constituem um próton, e dois *quarks down* e um *quark up*, um nêutron.

Radiação é uma forma de energia em trânsito, da mesma forma que calor é energia térmica em trânsito (Okuno; Yoshimura, 2010). É emitida por uma fonte e se propaga em qualquer meio, de um ponto a outro, sob a forma de partícula com ou sem carga elétrica, ou ainda sob a forma de onda eletromagnética.

Todo feixe de partículas sem carga, assim como as **ondas eletromagnéticas**, possui certa probabilidade de atravessar um meio material sem sofrer nenhuma interação, portanto, sem perder nenhuma energia, enquanto uma partícula carregada sempre sofre colisões em um meio, perdendo energia gradativamente. Do ponto de vista da partícula, ela perde energia, mas, do ponto de vista do meio, ali ocorre deposição de energia. Se o meio for o tecido humano, as ionizações dos átomos do corpo podem resultar em quebra molecular. Se ocorrer em uma molécula de ácido desoxirribonucleico (**DNA**), a quebra iniciada por uma **ionização** pode dar origem a alterações profundas com sérias consequências, tais como **mutações, morte celular** e **câncer**. No entanto, em geral o tecido humano tem a fantástica propriedade natural de se recuperar.

2.1 Radiação ionizante

Quando a radiação possui energia suficiente para arrancar um dos elétrons orbitais de átomos de um dado meio, transformando-os em um par de íons, diz-se que ela é uma **radiação ionizante**. A ionização é, portanto, a retirada direta ou indireta de um elétron de um átomo, que se transforma em um íon positivo. Na interação com os átomos do meio, as **partículas carregadas energéticas** produzem ionização diretamente ejetando elétrons de átomos que estão em seu caminho, perdendo energia pouco a pouco em múltiplas interações até parar. As partículas neutras e as ondas eletromagnéticas energéticas, por outro lado, perdem toda ou quase toda a energia em uma única interação. A partícula carregada produzida nessas interações é que sai ionizando átomos que encontra em sua trajetória, depositando sua energia no meio. No caso da radiação indiretamente ionizante, a ionização é um processo de duas etapas.

A energia de ligação de um elétron a um átomo depende de átomo para átomo. Desse modo, uma dada radiação pode ser ionizante num meio, mas não em outro. Para fins de Radiobiologia, a Comissão Internacional de Unidades e Medidas de Radiação (ICRU) recomenda considerar como ionizantes **fótons** com energia maior do que 10 eV. No espectro eletromagnético, esse fóton pertence à classe de radiação ultravioleta C, cujos fótons não têm energia para ionizar os principais átomos que constituem o corpo humano: carbono, oxigênio, hidrogênio e nitrogênio. A energia de ionização do elétron mais fracamente ligado desses átomos é de, respectivamente, 11,3 eV, 13,6 eV, 13,6 eV e 14,5 eV. Como a radiação ultravioleta tem uma profundidade de penetração muito pequena no corpo humano, os órgãos a serem protegidos são a pele e os olhos. A Comissão Internacional de Proteção contra Radiação Não Ionizante (ICNIRP, 2004) considera como radiação ionizante uma onda eletromagnética com comprimento de onda menor do que 100 nm, que corresponde a fótons com energia maior do que 12 eV, ou seja, fótons de raios X e raios gama.

2.2 Radiação corpuscular

A radiação corpuscular é constituída de um feixe energético de partículas como **elétrons, pósitrons, prótons, nêutrons**, partículas alfa etc. Alguns desses feixes energéticos são produzidos em reator nuclear e por máquinas conhecidas como **aceleradores de partículas**, tais como o **acelerador linear** e o **cíclotron**. Uma fonte natural de radiação corpuscular é a **radiação cósmica**, que provém do espaço sideral. Aquela classificada como primária é composta principalmente de prótons (cerca de 87%), partículas alfa (12%) e núcleos pesados, enquanto a secundária, que resulta do decaimento dos raios cósmicos primários, inclui nêutrons, pósitrons, mésons pi e múons.

Algumas dessas partículas – as partículas alfa, os elétrons e os pósitrons – são emitidas espontaneamente de radionuclídeos, que são núcleos atômicos com excesso de energia, em busca de maior estabilidade energética. Esse fenômeno é conhecido como desintegração ou decaimento nuclear, e, como resultado de tal emissão, o radionuclídeo se transmuta em outro elemento químico. O primeiro elemento, aquele que emite radiação, é chamado de pai, e o segundo, de filho. Se o elemento filho ainda não tiver alcançado a **estabilidade energética**, ele também se desintegrará e assim por diante, até se transformar em um **elemento estável**. É isso que acontece com as séries naturais dos **decaimentos sucessivos** que começam com urânio e tório e terminam em chumbo. O **decaimento nuclear** ou **desintegração nuclear** obedece a uma diminuição exponencial do elemento pai de uma amostra com o tempo.

Nunca se sabe quando um determinado núcleo se desintegrará. Entretanto, caso se tenha uma amostra com um número muito grande de radionuclídeos, sabe-se que, após um intervalo de tempo chamado de **meia-vida**, metade dos núcleos atômicos da amostra radioativa terá se desintegrado. Se uma amostra radioativa tiver cem bilhões de átomos radioativos, após uma meia-vida restarão somente 50 bilhões, e, após outra meia-vida, 25 bilhões, e assim por diante. O **césio-137** foi o radionuclídeo responsável pelo acidente de Goiânia e também o elemento mais problemático após acidentes em reatores nucleares, juntamente com o **iodo-131**. Suas meias-vidas são respectivamente de 30 anos e 8,05 dias. Como consequência, no caso do acidente de Goiânia, somente em 2017, 30 anos depois, o número de átomos de césio-137 recolhidos e colocados em um depósito permanente em Abadia de Goiás (ver Fig. 2.1) foi diminuído para a metade, via desintegração. Já no caso do iodo-131, após 32,2 dias, isto é, depois de quatro meias-vidas, 93,7% dos átomos terão se desintegrado.

O número que aparece ao lado do elemento, como o 137, no caso do césio, e o 131, no caso do iodo, é denominado **número de massa** e corresponde à soma de prótons e nêutrons contidos no núcleo. Cada elemento tem um número espe-

Fig. 2.1 *Foto de um dos* ***depósitos permanentes dos rejeitos do acidente de Goiânia*** *em Abadia de Goiás, tirada pela autora em julho de 2013*

cífico de prótons no núcleo, que é igual ao de elétrons na eletrosfera, conhecido por **número atômico** *Z*, mas o número de nêutrons pode variar, formando os isótopos do elemento. A **tabela periódica** ordena os elementos químicos pelo número atômico. A palavra *isótopo* vem do grego e significa "o mesmo lugar", isto é, que ocupa o mesmo lugar na tabela periódica. O césio e o iodo têm respectivamente 55 e 53 prótons no núcleo e ambos possuem vários isótopos. Os isótopos apresentam propriedades químicas similares e são classificados em radioisótopos e isótopos estáveis, dependendo de serem radioativos ou não. Existem na natureza três isótopos do hidrogênio: o H-1, o H-2, também chamado de hidrogênio pesado ou deutério, D, e o H-3, o trítio, T, todos com um próton e zero, um e dois nêutrons no núcleo, respectivamente. O trítio é radioativo e decai emitindo um elétron e transmutando-se no elemento químico hélio, com meia-vida de 12,26 anos.

Hoje em dia, radioisótopos de todos os elementos químicos podem ser produzidos artificialmente. O césio, por exemplo, tem radioisótopos com número de massa que vai de 112 a 151, e somente o césio-133, que é natural, é estável. No caso do iodo, são conhecidos 37 isótopos, com número de massa de 108 a 144, e somente o iodo-127 é estável.

A **meia-vida biológica**, que é o tempo necessário para que metade dos átomos ingeridos ou inalados seja eliminada biologicamente, independe de eles serem radioativos ou não. Portanto, todos os radioisótopos do iodo são metabolizados pelo organismo humano da mesma forma que o iodo-127.

2.3 Características mais importantes de algumas partículas e suas interações com a matéria

As **partículas alfa** são núcleos dos átomos de hélio constituídos de dois prótons e dois nêutrons. A principal fonte dessas partículas são os núcleos de elementos pesados, como urânio, tório, polônio e rádio, que as emitem espontaneamente na desintegração nuclear, com energia de alguns milhões de elétrons-volt (MeV). A trajetória de uma partícula alfa em um dado meio é bastante retilínea, e o **alcance**, que é a distância percorrida por uma partícula carregada em um dado meio até parar, é muito pequeno. Uma partícula alfa gasta em média 34,50 eV para produzir no ar um par de íons. O alcance de uma partícula alfa de 4,78 MeV emitida pelo rádio-226, por exemplo, é de 3,5 cm no ar e de 0,021 mm no tecido humano. Claro que o alcance varia de meio para meio e é tanto maior quanto mais elevada é a energia da partícula. Assim, a **densidade de ionização**, que é a quantidade de átomos ionizados por unidade de comprimento, é muito grande, mas a chance de entrada de uma partícula alfa em um dado meio – por exemplo, do ar para o corpo humano através da pele – é muito baixa, pois ela pode ser blindada por alguns centímetros de ar ou por uma fina folha de papel. Entretanto, a ingestão ou a inalação de radionuclídeos emissores de partícula alfa pode trazer sérias consequências ao organismo humano, uma vez que ela produz alta densidade de ionização localmente em tecidos dentro do corpo. É o caso do radônio, um gás natural pesado que, quando inalado, pode instalar-se em alguma parte da árvore brônquica e lá emitir partícula alfa, que sai ionizando densamente.

As **partículas beta**, assim denominadas para indicar a origem nuclear, são também emitidas espontaneamente por radionuclídeos. As partículas beta menos (β^-) são elétrons, e as beta mais (β^+), pósitrons, que são partículas idênticas aos elétrons, exceto no sinal da carga elétrica, que é positivo.

Uma partícula beta é mais penetrante que uma partícula alfa de igual energia e, portanto, possui um alcance maior. O alcance de uma partícula beta de 1 MeV é de 420 cm no ar e de 0,5 cm no tecido humano. Em virtude de sua pequena massa, cerca de 7.350 vezes menor que a da partícula alfa, sua trajetória em um dado meio é tortuosa e a densidade de ionização é muito pequena. Uma partícula beta emitida por potássio-40, estrôncio-90 e césio-137, por exemplo, pode penetrar cerca de 0,5 cm no tecido humano. O **potássio-40** é um dos constituintes do leite de vaca que tomamos. Em 1 L de leite, há em média 1,4 g de potássio, do qual 0,0118% é do radionuclídeo potássio-40, que faz com que sejamos uma pequena fonte radioativa ambulante.

Os nêutrons são partículas sem carga e não produzem ionização diretamente. Em sua interação com a matéria, liberam partículas carregadas que vão ionizar o meio. Eles são muito penetrantes, podem ser blindados com materiais ricos em hidrogênio, tais como parafina e água, e são encontrados em abundância nas imediações dos elementos combustíveis de reatores nucleares.

2.4 Radiação eletromagnética

A **radiação eletromagnética** é uma forma de energia liberada por processos eletromagnéticos. Diferentemente da radiação corpuscular, ela consiste basicamente de ondas eletromagnéticas, que são constituídas de um campo elétrico e de um campo magnético oscilantes e perpendiculares entre si e que se propagam em qualquer meio. No vácuo, sua velocidade de propagação é de 3×10^8 m/s, conhecida como velocidade da luz. São exemplos de onda eletromagnética, em ordem crescente de frequência, ondas de rádio, de TV, micro-onda, radiação infravermelha, luz visível, radiação ultravioleta, raios X e raios gama, que compõem o espectro eletromagnético. Essas ondas diferem entre si pela frequência e pelo comprimento de onda. A energia de uma onda eletromagnética é uma **energia quantizada**, isto é, não pode ter qualquer valor, mas somente alguns valores ditos discretos. Na interação da radiação eletromagnética com a matéria, a absorção e a emissão de energia só ocorrem em quantidade discreta de energia, denominada ***quantum* de energia** ou fóton. O fóton é uma partícula sem carga e com massa de repouso nula, representando o **caráter dual** de uma onda eletromagnética. A energia E de um fóton é calculada por:

$$E = h\,f = \frac{h\,c}{\lambda} \tag{2.1}$$

em que h é uma constante universal chamada de constante de Planck e que vale $6{,}63 \times 10^{-34}$ J·s = $4{,}14 \times 10^{-15}$ eV·s; c, a velocidade da luz no vácuo; f, a frequência; e λ, o comprimento de onda da onda eletromagnética. A energia de um fóton de luz ultravioleta B, por exemplo, com comprimento de onda de 315 nm, é de 3,94 eV.

A energia de uma onda eletromagnética é dita como sendo a de um fóton dessa onda, isto é, a energia de uma onda eletromagnética será de 70 keV quando a energia de um fóton dessa onda for de 70 keV. Fótons com essa energia são usados tipicamente para radiografar um pulmão. Sendo a energia de um fóton diretamente proporcional à frequência da onda eletromagnética, quanto maior a frequência da onda, maior a energia de seus fótons. Portanto, como os exemplos de onda eletromagnética foram citados em ordem crescente de frequência, estão também em ordem crescente de energia de seus fótons, mostrando que os fótons de raios X e gama são os mais energéticos, e são ionizantes.

2.5 Interação de fótons com a matéria

As **interações de fótons** com a matéria, com respeito a tipo e quantidade, dependem da energia do fóton incidente, do número atômico e da densidade do meio (Okuno; Yoshimura, 2010). Os principais processos de interação, cujos esquemas podem ser vistos na Fig. 2.2, são:

- o **efeito fotoelétrico**, interação de um fóton principalmente com um elétron da camada K ou L;
- o **efeito Compton**, interação de um fóton com um elétron considerado livre;
- a **criação do par elétron-pósitron**, em que a interação ocorre com o núcleo de um átomo.

No efeito fotoelétrico, após a interação, há a ejeção de um elétron fortemente ligado ao átomo, ao passo que o fóton incidente desaparece. No efeito Compton, após a interação, a energia do fóton incidente é compartilhada entre o elétron e o fóton de energia menor do que o original, que se propaga em outra direção. Na produção do par elétron-pósitron, o fóton incidente desaparece com a conversão de toda a energia do fóton em massa de repouso e energia cinética do par. Esse tipo de interação só pode ocorrer quando o fóton tiver energia maior do que 1,022 MeV. O pósitron, por sua vez, ao encontrar um elétron se aniquila, criando dois fótons que saem em direções opostas. Esses dois fótons são usados na obtenção de imagem por PET (da sigla em inglês de *positron emission tomography*).

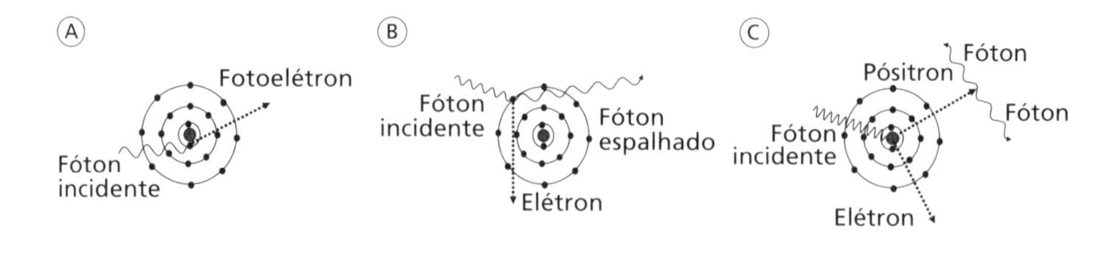

Fig. 2.2 *(A) Efeito fotoelétrico, (B) efeito Compton e (C) produção de pares*

A probabilidade de ocorrência do efeito fotoelétrico diminui com o aumento da energia *E* do fóton e aumenta com o aumento do número atômico *Z* do absorvedor, sendo proporcional a $Z^{4,5}/E^3$. Assim, a absorção fotoelétrica é alta em ossos do nosso corpo por causa do cálcio, que tem *Z* de 20, muito mais alto do que os números atômicos 1, 6, 7 e 8, respectivamente do hidrogênio, do carbono, do nitrogênio e do oxigênio, os principais elementos que constituem nosso corpo. É por isso que o **osso** aparece com contraste em relação ao **músculo** em radiografias: o fóton incidente e o fotoelétron são absorvidos pelo osso com maior probabilidade e não chegam ao filme radiográfico (ver Fig. 1.2).

A quantidade de interação Compton depende somente do número de elétrons por unidade de volume, que é proporcional à densidade. Na água ou no tecido mole, a probabilidade de sua ocorrência é maior do que a do efeito fotoelétrico para energias superiores a 30 keV. Mesmo no osso, o efeito Compton é mais provável de acontecer do que o fotoelétrico para energia de fóton maior do que 100 keV. O efeito Compton degrada as imagens obtidas de partes espessas do corpo, pois a radiação espalhada que emerge do paciente e chega ao filme reduz a informação útil, formando uma espécie de ruído de fundo.

2.6 Atenuação de um feixe de radiação eletromagnética

O conceito de alcance não se aplica aos raios X e gama. Um fóton de raios X ou gama pode perder toda ou quase toda a energia em uma única interação, e a distância que ele percorre antes de interagir não pode ser prevista. Entretanto, é possível prever a distância na qual ele tem 50% de chance de interagir. Essa distância chama-se **camada semirredutora**. Quando a espessura de um material é igual à de uma camada semirredutora, a intensidade da radiação gama que atravessa esse material é reduzida à metade. A camada semirredutora para os raios gama de 0,662 MeV emitidos pelo césio-137 é de 0,59 cm para o chumbo e de 3,46 cm para o alumínio.

A diminuição exponencial da intensidade da radiação gama ou X monoenergética ao atravessar placas com espessura x de um dado material pode ser calculada por:

$$I = I_o \, e^{-\mu x} \tag{2.2}$$

em que I_o e I são as intensidades do feixe de fótons antes e depois de atravessar placas de um dado material com espessura x; e, a base do logaritmo neperiano; e μ, o **coeficiente de atenuação linear** do meio, que depende do material que constitui o meio e da energia da radiação incidente. O coeficiente de atenuação linear μ representa a **probabilidade de interação** dos fótons com o meio por unidade de volume e é a soma das probabilidades de ocorrência dos principais tipos de interação, como efeito fotoelétrico, efeito Compton e produção de pares. A Eq. 2.2 vale para qualquer tipo de radiação eletromagnética ao atravessar um meio.

A Fig. 2.3 mostra a atenuação da intensidade da radiação gama do césio-137 ao atravessar placas de chumbo. A camada semirredutora de 0,59 cm está identificada na figura.

É interessante observar que a intensidade da radiação diminui para a metade do valor anterior cada vez que atravessa um material com espessura correspondente à de uma camada semirredutora.

Os raios X e os **raios gama** possuem um alto poder de penetração. Quanto maior a energia, maior o poder de penetração, podendo atravessar todo o corpo

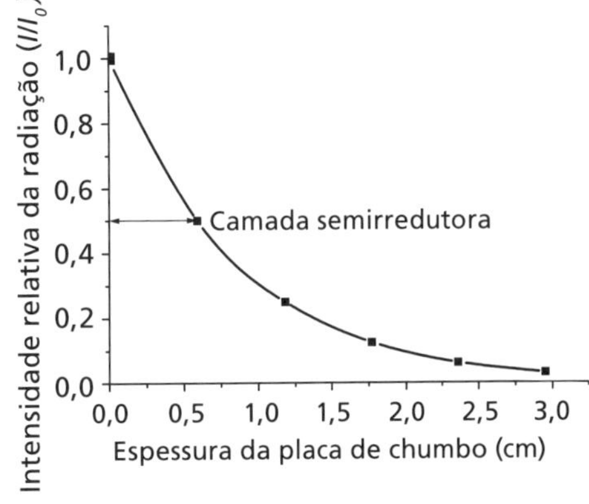

Fig. 2.3 *Intensidade relativa da radiação gama do césio-137 em função da espessura da placa de chumbo*

humano. Materiais densos, como chumbo, concreto, aço, ferro ou mesmo terra compactada, podem ser usados para blindagem.

Pela Eq. 2.2, vê-se que a intensidade *I* da radiação tende a zero somente quando a espessura de material *x* tende a infinito. Assim, quando uma fonte emissora de radiação gama ou X estiver dentro de uma **blindagem**, sempre haverá escape dela. Daí a importância da proteção radiológica, que dita o quanto de escape é permitido e, consequentemente, estabelece o limite de exposição à radiação ionizante de um **indivíduo ocupacionalmente exposto** e do público em geral.

2.7 Contaminação e irradiação

Tanto os raios X quanto os raios gama que incidem em qualquer material ou em seres humanos não os tornam radioativos. Entretanto, se uma pessoa ingerir ou inalar radionuclídeos, diz-se que ela foi contaminada internamente, e, se tiver radionuclídeos na superfície do corpo, que foi contaminada externamente, e ela própria se torna uma espécie de fonte radioativa. Todas as pessoas contaminadas são também irradiadas, uma vez que estão com átomos radioativos dentro ou fora do corpo. Porém, nem todas as pessoas irradiadas são contaminadas, ou seja, elas podem não estar contaminadas, apesar de estarem expostas à radiação emitida por átomos radioativos de uma pessoa, material ou local contaminado, dependendo da proximidade.

Produtos como a **pimenta-do-reino**, que são irradiados maciçamente para fins de esterilização, com os fótons emitidos por uma fonte de cobalto-60 ou césio-137 ou por um acelerador linear, não se tornam radioativos, da mesma forma que não se tornam radioativos os seres humanos radiografados. No entanto, os produtos que foram expostos à poeira radioativa ficam contaminados. Foi o que aconteceu na Europa com o leite produzido pelas vacas após o acidente de Chernobyl; em uma reação em cadeia, as vacas comeram capim contaminado com césio-137 e iodo-131 trazidos pelas nuvens e chuvas, e então o leite produzido por elas também se tornou contaminado. Após o acidente nos reatores de Fukushima Dai-ichi, os peixes do mar próximo também se contaminaram com radionuclídeos.

No **acidente de Goiânia**, cerca de 250 pessoas foram contaminadas interna e externamente, isto é, entraram em contato direto com os átomos de césio-137, ingerindo-os ou inalando-os, no primeiro caso, e tocando, abraçando e cumprimentando uns aos outros, no segundo. Na verdade, a **contaminação** começou com um número bem menor de pessoas, que foram passando os átomos de césio-137 a outras por meio do aperto de mão, por exemplo. A pessoa que levou, em um ônibus, parte da fonte que restou até o Centro de Vigilância Sanitária contaminou o próprio centro, o ônibus, as pessoas e os objetos que tocou. Um número bem maior de indivíduos não contaminados sofreu **irradiação** em Goiânia, isto é, não tinha átomos de césio na pele nem os havia ingerido ou inalado, porém esteve perto de pessoas ou objetos contaminados.

Com o acidente de Chernobyl, praticamente todo o solo europeu foi contaminado, e o grau de contaminação variou muito de local para local, dependendo da direção do vento que carregou a poeira radioativa, da quantidade de chuvas locais etc.

Quanto ao acidente com os reatores de Fukushima Dai-ichi, uma quantidade incalculável de água radioativa usada para resfriar os núcleos dos reatores acidentados está estocada em imensos contêineres nas vizinhanças dos reatores, e alguns deles têm esporadicamente apresentado vazamentos.

PROJETO MANHATTAN

3

Projeto Manhattan foi o codinome do projeto secreto liderado pelos Estados Unidos e com a cooperação do Reino Unido e do Canadá para a construção de **bombas atômicas** durante a Segunda Guerra Mundial, que chegou a empregar mais de 130.000 pessoas, sendo 21 cientistas ganhadores do Prêmio Nobel, principalmente de Física. O projeto durou de 1942 a 1946 e alguns dos mais célebres cientistas que colaboraram nele foram: o americano **Julius Robert Oppenheimer** (1904-1967), diretor do laboratório de Los Alamos e considerado "o pai da bomba atômica"; o italiano **Enrico Fermi** (1901-1954), que desenvolveu o primeiro reator nuclear, na Universidade de Chicago; o dinamarquês **Niels Bohr** (1885-1962), autor do famoso modelo do átomo de hidrogênio; o inglês **James Chadwick** (1891-1974), descobridor do nêutron; e o casal francês **Frédéric Joliot-Curie** e **Irène Curie**, responsável pela transmutação de elementos. O comando geral coube ao general **Leslie Richard Groves** (1896-1970), que odiava fumantes e indicou para diretor do projeto o físico Robert Oppenheimer, que era um fumante inveterado.

O Projeto Manhattan foi secretamente desenvolvido sobretudo em três locais (Manhattan..., s.d.; Early..., s.d.):

- **Hanford**, onde foi produzido o plutônio usado na bomba testada em Trinity, no Alamogordo, e na bomba lançada em Nagasaki;
- **Los Alamos**, onde foram desenhadas e construídas as três bombas atômicas;
- **Oak Ridge**, local de enriquecimento de urânio.

Nessa época, conheciam-se dois elementos físseis, o **urânio-235** e o **plutônio-239**, que poderiam desencadear uma **reação em cadeia** e, portanto, ser usados na construção de uma bomba atômica. O urânio-235 é encontrado na natureza em concentração muito baixa, de 0,7%, em comparação a 99,3% do urânio-238, que não é físsil. O **plutônio**, por sua vez, é encontrado na natureza somente em quantidade traço, mas pode ser criado em reator.

Para conseguir uma quantidade adequada desses elementos, direcionaram-se simultaneamente as pesquisas ao processo de enriquecimento do urânio-235, que consiste em aumentar a concentração do urânio-235 em relação ao urânio-238, e à construção de reatores que transformariam o urânio-238 em plutônio-239. Foram também realizados, entre outros, estudos sobre o cálculo da massa crítica necessária para uma bomba atômica, assim como desenvolvida a técnica de simulação computacional que recebeu o codinome de Monte Carlo, nome do famoso cassino em Monte Carlo. Após intensas pesquisas, foram construídas em tempo recorde três bombas atômicas: duas à base de plutônio-239 e uma à base de urânio-235, armas de destruição em massa.

3.1 Teste com a bomba atômica The Gadget

Às 5h29 do dia 16 de julho de 1945 foi realizada a primeira explosão da bomba apelidada **The Gadget** (The Trinity..., s.d.), à base de plutônio-239, que foi colocada no topo de uma torre de aço de 30 m de altura, conforme mostra a Fig. 3.1, com a finalidade de simular a explosão a uma certa altitude após seu lançamento de um avião. Esse teste, com o codinome **Trinity**, foi realizado porque a bomba à base de plutônio possuía uma concepção complexa e não se tinha certeza de que ela funcio-

Fig. 3.1 *Torre com o The Gadget para a realização do teste Trinity, em 1945*

naria. A explosão foi no deserto de Alamogordo, no Novo México (ver o cogumelo imenso formado na Fig. 3.2), no local conhecido por **Jornada del Muerto**, e deixou uma imensa cratera. A areia do deserto foi vitrificada com o calor da explosão e a torre de aço, vaporizada (Fig. 3.3).

Fig. 3.2 *Teste Trinity, realizado em 16 de julho de 1945*

Nesse mesmo dia, muitos dos componentes da bomba Little Boy (Little...; s.d.), à base de urânio-235, que seria lançada em Hiroshima, foram despachados no cruzador USS Indianapolis do porto de São Francisco, chegando à ilha Tinian no dia 26 de julho. Quatro dias depois, na volta aos Estados Unidos, com 1.200 pessoas a bordo, o cruzador foi afundado por um submarino japonês. O exército americano havia montado uma base aérea – a maior e mais movimentada do mundo na época – na ilha Tinian, uma das três ilhas do arquipélago das ilhas Marianas, por ser um local altamente estratégico para lançar ataques diretos ao Japão, já que está localizado a apenas 2.400 km desse país.

Fig. 3.3 *Oppenheimer, com chapéu branco, e Groves, com boné, no centro, e o que restou do teste Trinity*

3.2 Lançamento da bomba atômica Little Boy em Hiroshima

O general **Paul Warfield Tibbets Jr.** (1915-2007), que também havia trabalhado no Projeto Manhattan e que pilotaria o **bombardeiro B-29** com a bomba atômica que seria lançada em **Hiroshima**, pintou na fuselagem do avião o nome de sua mãe, **Enola Gay**. Da ilha Tinian, o Enola Gay decolou às 2h45, chegando a Iwojima às 5h52 e a Hiroshima às 8h15 do dia 6 de agosto de 1945, uma segunda-feira, hora do lançamento da bomba atômica **Little Boy** (Little..., s.d.). Duas outras aeronaves B-29 – The Great Artiste, carregando vários instrumentos de medida, e Necessary Evil, com equipamentos fotográficos para registro – escoltaram o Enola Gay. A cidade de Hiroshima havia sido eleita para bombardeio porque, diferentemente de outras cidades de dimensão similar, estava razoavelmente intacta e os efeitos de uma bomba atômica seriam "espetaculares" para mostrar ao mundo o poderio americano. A bomba foi lançada de uma altura de 9.400 m e detonou a 600 m do solo, formando a seguir uma imensa nuvem com detritos em forma de um enorme cogumelo.

3.3 Lançamento da bomba atômica Fat Man em Nagasaki

Como se não bastasse, três dias depois, em 9 de agosto de 1945, às 11h02, foi lançada na cidade de **Nagasaki** a bomba **Fat Man** (Little..., s.d.), à base de plutônio-239 e que explodiu a 503 m do solo. Às 3h49 desse dia, o B-29 Bock's Car, pilotado pelo major Charles W. Sweeney (1919-2004), decolara de Tinian para bombardear sem radar, apenas observando visualmente, a imensa fábrica de armamentos em Kokura, mas, por falta de visibilidade, o alvo foi mudado para Nagasaki. The Great Artiste, que escoltou o Bock's Car, deixou cair antes da bomba uma latinha com uma carta sem assinatura (Alvarez, 1945) dirigida ao professor **Ryokichi Sagane** (1905-1969), físico nuclear da Universidade de Tóquio, que havia realizado pesquisas em Berkeley, na Universidade da Califórnia, com três dos cientistas responsáveis pela construção das bombas atômicas. A carta manuscrita, cuja cópia é mostrada na Fig. 3.4, continha a mensagem de que o público japonês fosse informado dos perigos dessa arma de destruição em massa. A carta foi encontrada por autoridades militares japonesas, que só a entregaram a Sagane um mês depois. Em 22 de dezembro de 1949, um dos autores da carta, Luis Walter Alvarez (1911-1988), encontrou-se com Sagane e assinou o documento.

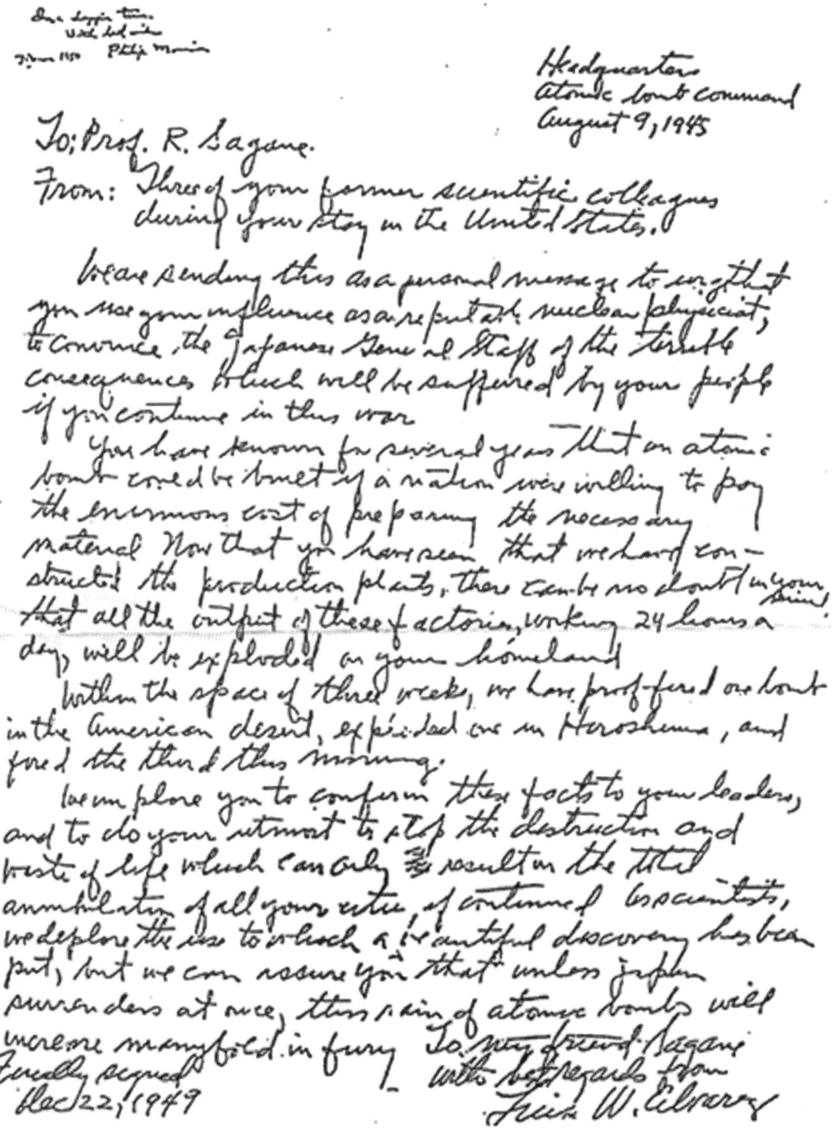

Headquarters
Atomic bomb command
August 9, 1945

To: Prof. R. Sagane.

From: Three of your former scientific colleagues during your stay in the United States.

We are sending this as a personal message to urge that you use your influence as a reputable nuclear physicist, to convince the Japanese General Staff of the terrible consequences which will be suffered by your people if you continue in this war.

You have known for several years that an atomic bomb could be built if a nation were willing to pay the enormous cost of preparing the necessary material. Now that you have seen that we have constructed the production plants, there can be no doubt in your mind that all the output of these factories, working 24 hours a day, will be exploded on your homeland.

Within the space of three weeks, we have proof-fired one bomb in the American desert, exploded one in Hiroshima, and fired the third this morning.

We implore you to confirm these facts to your leaders, and to do your utmost to stop the destruction and waste of life which can only result in the total annihilation of all your cities, if continued. As scientists, we deplore the use to which a beautiful discovery has been put, but we can assure you that unless Japan surrenders at once, this rain of atomic bombs will increase manyfold in fury.

Finally signed
Dec 22, 1949

To my friend Sagane
with best regards from
Luis W. Alvarez

Fig. 3.4 *Cópia da carta a Ryokichi Sagane escrita por Luis Alvarez e jogada em Nagasaki*

3.4 CARACTERÍSTICAS E EFEITOS DAS BOMBAS ATÔMICAS LANÇADAS NO JAPÃO

As características e os principais efeitos das bombas detonadas em Hiroshima e Nagasaki estão listados na Tab. 3.1. A população de Hiroshima e de Nagasaki, por ocasião da explosão da bomba, era de 345 mil ± 5 mil pessoas e de 260 mil ± 10 mil pessoas, respectivamente.

As principais causas das mortes imediatas ou em curto espaço de tempo após a explosão das bombas nessas duas cidades foram:

- *Ondas de calor*: de 20% a 30% das mortes de seres humanos num raio de 1,2 km do hipocentro são atribuídas a queimaduras fatais.
- *Ondas de choque*: as pessoas que estavam na rua ou mesmo dentro de casa foram lançadas vários metros no ar, ferindo-as terrivelmente ou mesmo as matando.
- *Radiação ionizante*: raios gama e nêutrons emitidos durante a explosão, além da radiação emitida por átomos de césio-137 e de iodo-131, por exemplo, irradiaram pessoas interna e externamente. A chuva negra que começou a cair 20 minutos após a explosão da

TAB. 3.1 CARACTERÍSTICAS E EFEITOS DAS BOMBAS DETONADAS EM HIROSHIMA E NAGASAKI

Características e efeitos das bombas	**Hiroshima (Little Boy)**	**Nagasaki (Fat Man)**
Comprimento	3,0 m	3,2 m
Diâmetro	0,7 m	1,5 m
Massa	$4{,}4 \times 10^3$ kg	$4{,}5 \times 10^3$ kg
Elemento físsil	Urânio-235	Plutônio-239
Rendimento (equivalente a)	16×10^3 kg de TNT	21×10^3 kg de TNT
Altura de explosão	600 m do solo	503 m do solo
Destruição das construções	92%	35%
Quantidade de mortes até dezembro de 1945	Entre 90 mil e 166 mil pessoas	Entre 60 mil e 80 mil pessoas
Principal causa de morte imediata	Queimadura (60%)	Queimadura (95%)

bomba em Hiroshima e que durou até 12h45 contaminou uma área ovalada de 11 km por 19 km.

A Fig. 3.5A mostra a bomba Little Boy antes de ser colocada no Enola Gay, e a Fig. 3.5B, uma réplica da bomba Fat Man. As nuvens em forma de cogumelo que se formaram logo após a explosão da bomba em Hiroshima e em Nagasaki podem ser vistas na Fig. 3.6. Essas fotos foram tiradas de um dos B-29 que escoltou os bombardeiros.

A cidade de Hiroshima antes da explosão da bomba atômica Little Boy é apresentada na Fig. 3.7A, em contraste à devastação da cidade após o evento, mostrada na Fig. 3.7B. A Fig. 3.8A mostra o Hall de Exibição Comercial originalmente, cuja construção data de 1915. A Fig. 3.8B exibe um dos poucos prédios que restaram após o bombardeio em Hiroshima. Parte dele, hoje Memorial da Paz (Genbaku Dome) em Hiroshima, é mantida até hoje para que a população nunca se esqueça dessa tragédia.

Fig. 3.5 *(A) Bomba Little Boy antes de ser montada no Enola Gay e (B) réplica da bomba Fat Man*
Fonte: *(B) QuartzMMN (CC BY 3.0, https://goo.gl/K782K2).*

Fig. 3.6 *Nuvens em forma de cogumelo que se formaram após a explosão da bomba em (A) Hiroshima e (B) Nagasaki*

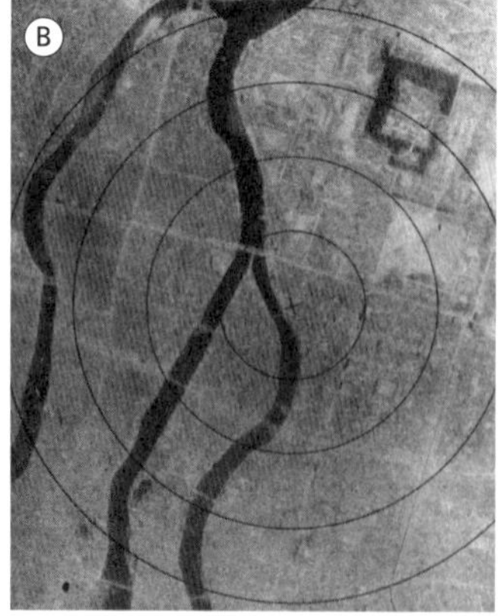

Fig. 3.7 *Foto aérea de Hiroshima (A) antes e (B) depois do bombardeio*

Fig. 3.8 *O Hall de Exposição Comercial, hoje Memorial da Paz em Hiroshima, preservado, foi a única estrutura que se manteve em pé após a explosão da bomba atômica*
Fonte: *(B) Taisyo (CC BY-SA 3.0, https://goo.gl/21Gj8T).*

Passadas 16 horas, o então presidente dos Estados Unidos Harry S. Truman (1884-1972) anunciou da Casa Branca, em Washington, que os americanos haviam explodido uma bomba atômica sobre a cidade de Hiroshima. No dia 2 de setembro de 1945, foi assinada a ata de rendição do Japão em uma cerimônia oficial a bordo do encouraçado USS Missouri, na baía de Tóquio, terminando assim a Segunda Guerra Mundial.

3.5 Efeitos da radiação ionizante nos seres humanos em Hiroshima e Nagasaki

A Atomic Bomb Casualty Commission (ABCC) foi criada em 1947 em Hiroshima e em 1948 em Nagasaki, sob os auspícios da U. S. National Academy of Sciences e do Japanese National Institute of Health, para iniciar os estudos epidemiológicos e genéticos dos efeitos tardios das bombas atômicas entre os sobreviventes. O objetivo principal dessa comissão era acompanhar o estado de saúde de jovens expostos à radiação das bombas durante cem anos. Em 1975, essa comissão foi sucedida pela **Radiation Effects Research Foundation** (Rerf, 2013), que elaborou vários subprojetos. Entre eles, o **Life Span Study** (LSS), que acompanha mais de 200 mil sobreviventes e seus filhos, com foco na incidência de câncer induzido pela radiação e em sua mortalidade. O LSS é o estudo epidemiológico mais importante do mundo sobre os efeitos tardios da radiação nos seres humanos, devido a seu tamanho e duração e à informação fornecida fidedignamente pelos participantes.

Em outro subprojeto, o **Adult Health Study** (AHS), os sobreviventes são examinados clinicamente por médicos duas vezes ao ano e realizam-se exames laboratoriais de sangue e urina. São também feitas medidas de densidade óssea e função cognitiva e verificação da incidência de catarata e câncer de tireoide e de útero. Além disso, realizam-se análises da frequência de aberrações cromossômicas em linfócitos. Há também um subprojeto epidemiológico com indivíduos que eram fetos na época em que ocorreu a explosão da bomba.

3.6 Efeitos agudos da radiação ionizante

Esses efeitos foram observados nas pessoas expostas a alta dose de radiação em Hiroshima e Nagasaki, desde 1 a 2 grays até 10 grays (ver definição no Cap. 4), e surgiram dentro de poucas horas, dias ou semanas após a exposição (Rerf, 2013). O conjunto de sinais e sintomas, chamado de **síndrome aguda da radiação**, consta de vômito acompanhado de diarreia, com duração de dias a semanas, redução das células sanguíneas tanto da série vermelha como da branca, hemorragia, queda de pelos e inflamação na boca e na garganta. Os dados coletados mostraram que a dose letal que mata 50% das pessoas expostas em um intervalo de 60 dias foi de 2,5 grays, quando não houve assistência médica, e de 5 grays, com cuidados médicos. As mortes devidas a dose alta de radiação começaram cerca de uma semana após a exposição, alcançaram o máximo em três a quatro semanas e praticamente cessaram após sete a oito semanas.

3.7 Efeitos tardios da radiação ionizante

Os **efeitos tardios da radiação ionizante**, tais como câncer, ocorreram em virtude da mutação nos DNAs, embora o mecanismo exato de como essas mutações levam ao câncer não seja conhecido; acredita-se que o processo requer uma série de mutações acumuladas durante anos. Os dados coletados com sobreviventes mostraram que, no caso de **câncer sólido**, uma dose de 0,2 gray aumenta a incidência dessa doença em 10% em comparação com a incidência dita normal, para pessoas de igual idade. Para uma dose de 1 gray, o correspondente excesso chega a atingir 50%.

A probabilidade de um sobrevivente ter um câncer causado pela radiação da bomba depende de diversos fatores. O risco de desenvolver câncer induzido pela radiação será tanto maior quanto maior for a dose recebida e quanto menor for a idade do indivíduo na época da exposição à radiação, sendo ligeiramente maior nas mulheres do que nos homens.

O aumento na incidência de **leucemia** foi notado a partir de dois anos e atingiu o máximo por volta de sete anos após o bombardeio, principalmente em crianças. O risco de desenvolver essa doença depende fortemente da idade em que ocorreu a exposição.

Outra informação obtida do projeto AHS é sobre o aumento na incidência de **tumores benignos** de tireoide, de paratireoide, das glândulas salivares, uterinos e gástricos nas pessoas expostas à radiação da bomba atômica com o aumento de dose. As principais causas de morte são doenças cardiocirculatórias com incidência de aterosclerose, seguidas de doenças no sistema digestivo, no fígado e no sistema respiratório.

3.8 Experimentos com cobaias humanas

Em novembro de 1993, uma série de artigos publicados no *The Albuquerque Tribune* denunciou os experimentos realizados com **cobaias humanas** (Welsome, 1999; Moss; Eckhardt, 1995) de 1944 a 1947 durante o Projeto Manhattan, como o caso de 17 americanos e um garoto australiano nos quais foi injetado plutônio, o elemento físsil de bombas atômicas. Em outubro de 1995, o Advisory Committee foi formado pelo então presidente americano Bill Clinton (1946-) para investigar os experimentos com seres humanos, provavelmente sem o conhecimento nem tampouco o consentimento deles, mesmo porque tudo era secreto durante a Guerra Fria. O relatório final desse comitê pode ser encontrado no ***The human radiation experiments***, publicado pela Oxford University Press em 1996.

Em agosto de 1944, o químico Donald F. Mastick (1920-2007), então com 23 anos, estava trabalhando em Los Alamos, no Projeto Manhattan, com 10 mg de plutônio contidos num minúsculo tubo de vidro quando este explodiu em frente à sua face e ele acabou engolindo um pouco desse elemento químico. Louis Hempelmann (1914-1993), médico-chefe de Los Alamos, pressionou Robert Oppenheimer a realizar estudos de retenção do plutônio no corpo.

Nessa época, alguns cientistas faziam experimentos com animais e haviam descoberto que a ação do plutônio diferia bastante da do rádio, o que já se sabia há muito com as moças que pintavam mostradores de relógio com solução contendo rádio. Entretanto, pouco se conhecia dos efeitos do plutônio nos seres humanos, e foi então que alguns cientistas decidiram realizar experimentos com cobaias humanas com o objetivo de desenvolver uma ferramenta para determinar a captação do plutônio pelo corpo por meio da quantidade excretada via urina e fezes (Bell, 1995). Essa ferramenta serviria para proteger os indivíduos que trabalhavam nos reatores na produção de plutônio, além de fornecer dados para o estabelecimento de limites ocupacionais de exposição a esse elemento químico.

De 10 de abril de 1945 a 18 de julho de 1947, injetou-se plutônio em 18 pacientes. Não foi encontrada nenhuma evidência de que as injeções tenham sido a causa de morte dessas pessoas. A quantidade de plutônio injetado variou de 4,6 μg a 6,5 μg, resultando em dose efetiva de 240 mSv/ano a 430 mSv/ano.

O primeiro paciente a receber injeção de plutônio foi um homem de 55 anos em Oak Ridge que havia quebrado vários ossos do corpo e sido hospitalizado depois de um acidente automobilístico. Ele viveu mais oito anos após receber a injeção e morreu em decorrência de problema cardíaco.

Os pacientes do Hospital Rochester foram 11, sendo sete homens e quatro mulheres, com idades de 41 a 68 anos, com exceção de uma moça de 18 anos. Nenhum deles tinha artrite crônica ou carcinoma, mas possuíam outros problemas crônicos que requeriam hospitalização. Depois de receberem a injeção, amostras de urina e fezes foram coletadas diariamente durante 22 a 65 dias.

Já os pacientes do Hospital de Chicago foram três, sendo dois terminais: uma mulher de 56 anos com câncer de mama e um jovem adulto com doença de Hodgkin; ambos receberam altíssima quantidade de plutônio-239, 95 μg, e morreram respectivamente 17 dias e 5,6 meses após a injeção. O terceiro paciente foi um homem de 68 anos que faleceu 5,2 meses depois da injeção de plutônio, de câncer no queixo e nos pulmões.

Por fim, os pacientes do Hospital Universitário da Califórnia foram três: um garoto australiano de 4,8 anos com câncer de osso terminal que recebeu 2,7 µg de plutônio-239 misturado com cério e ítrio radioativos intravenosamente e faleceu 8,4 meses após receber a injeção; um homem de 58 anos inicialmente diagnosticado com câncer no estômago, que mais tarde se descobriu ser um tumor benigno, que recebeu uma mistura de plutônio-238 com plutônio-239 intramuscularmente e viveu mais 20,7 anos, tendo morrido com 79 anos de problemas cardíacos; e um homem de 36 anos com câncer ósseo na perna que recebeu injeção de plutônio misturado com outros radionuclídeos e faleceu 44 anos após a injeção, de pneumonia, aos 80 anos. Em todos os três casos, os efeitos das injeções foram analisados retirando-se amostras de osso e de tecido muscular.

Em 1950, cerca de cinco anos após o início dos estudos, os pesquisadores envolvidos concluíram que aproximadamente 66% do plutônio injetado na corrente sanguínea havia se depositado no esqueleto, e mais de 23%, no fígado. As pesquisas forneceram dados para que se estimasse a meia-vida biológica (tempo para que metade do nuclídeo injetado no corpo seja eliminada) do plutônio em 118 anos.

Ainda no mesmo ano, a Comissão de Energia Atômica Americana estabeleceu oficialmente a carga máxima corporal permissível de plutônio-239 como sendo de 0,5 µg (32 nanocuries). Em 1951, a Comissão Internacional de Proteção Radiológica recomendou 0,6 µg (40 nanocuries) de plutônio para a carga máxima corporal permissível.

4 Grandezas e unidades de Física das Radiações

Houve uma época em que se usavam partes do corpo como unidades de medida no comércio, tais como pé, polegada e palmo. Mas, pelo fato de não haver padrão, isso criava sérios problemas. Em 1790, a Academia de Ciências francesa criou então o Sistema Métrico Decimal, que se transformou posteriormente no **Sistema Internacional**.

Na apresentação da obra intitulada *Sistema Internacional de Unidades (SI)*, publicada pelo Inmetro (2012, 2013), está escrito:

> O SI, que recebeu este nome em 1960, teve como propósito de sua criação a necessidade de um sistema prático mundialmente aceito nas relações internacionais, no ensino e no trabalho científico, sendo, naturalmente, um sistema que evolui de forma contínua para refletir as melhores práticas de medição que são aperfeiçoadas com o decorrer do tempo.

Essa obra dita uma série de regras práticas, entre elas, como escrever as unidades das grandezas físicas, seus símbolos, seu plural e os números em operações. Várias dessas regras adotadas pelo Inmetro não são aceitas pelos dicionários e pela Academia Brasileira de Letras, que ainda escrevem essas unidades de medida em sua grafia antiga. Com a introdução da letra *k* no alfabeto brasileiro, a nova grafia para a unidade de massa passou a ser **kilograma**, por exemplo, devendo a grafia *quilograma* ser gradualmente extinta. As unidades que usam nomes de cientistas são escritas em letra minúscula e seu plural é feito acrescentando um *s* no final, como newtons, decibels e becquerels, e não decibéis e becqueréis, para não desfigurar o nome. Antes mesmo do prefácio da obra, há uma nota dos tradutores sobre a nova grafia a ser utilizada em unidades como nanometro, micrometro, milimetro, centimetro e kilometro, sem acento, pois são palavras paroxítonas e a sílaba tônica cai no *me*.

Comprimento, massa, tempo, força, energia e carga elétrica constituem exemplos de grandezas físicas, e suas unidades no SI são, respectivamente (seus símbolos são apresentados entre parênteses): metro (m), kilograma (kg), segundo (s), newton (N), joule (J) e coulomb (C). O elétron-volt (eV) é uma unidade de energia fora do SI, porém aceita para uso com esse sistema, sendo:

$$1 \text{ eV} \approx 1{,}602 \times 10^{-19} \text{ J}$$

Alguns prefixos que indicam os múltiplos e os submúltiplos das unidades no SI estão listados na Tab. 4.1.

Tab. 4.1 Prefixos para uso com o SI

Submúltiplos			Múltiplos		
Fator	**Prefixo**	**Símbolo**	**Fator**	**Prefixo**	**Símbolo**
10^{-18}	atto	a	10^{1}	deca	da
10^{-15}	femto	f	10^{2}	hecto	h
10^{-12}	pico	p	10^{3}	kilo	k
10^{-9}	nano	n	10^{6}	mega	M
10^{-6}	micro	µ	10^{9}	giga	G
10^{-3}	mili	m	10^{12}	tera	T
10^{-2}	centi	c	10^{15}	peta	P
10^{-1}	deci	d	10^{18}	exa	E

4.1 Grandezas de Física das Radiações

A partir do conhecimento de que as radiações têm capacidade para destruir tumores, surgiu a necessidade de especificá-las e medi-las. À medida que os conhecimentos foram se acumulando, novas grandezas específicas para a área de Física das Radiações foram sendo introduzidas. Comparadas com as grandezas e unidades da Física clássica, as da Física das Radiações são muito mais recentes e mais complicadas, pois várias das grandezas se relacionam com os danos microscópicos que a radiação pode provocar no corpo humano e não são mensuráveis.

As grandezas específicas da área de Física das Radiações estão separadas em três categorias principais, como ilustrado na Fig. 4.1: as grandezas físicas, as grandezas de proteção, para uso específico em proteção radiológica, que consideram as propriedades do corpo humano, e as grandezas operacionais, que se relacionam com a monitoração externa de radiação (ICRU, 1997, 2011). As grandezas de proteção e as operacionais são baseadas na definição fundamental da grandeza física **dose absorvida** (*D*) em um ponto:

$$D = \frac{\mathrm{d}\bar{\varepsilon}}{\mathrm{d}m} \tag{4.1}$$

em que $\mathrm{d}\bar{\varepsilon}$ é a energia média depositada pela radiação em um volume elementar de massa dm. A unidade da dose absorvida no SI é o gray (Gy), sendo 1 Gy = 1 J/kg.

O **kerma** (*K*), outra grandeza física também medida em gray, é dado pelo quociente da energia transferida $\mathrm{d}E_{tr}$ por dm, sendo $\mathrm{d}E_{tr}$ a soma das energias cinéticas iniciais de todas as partículas carregadas liberadas pelas partículas sem carga em uma massa dm de material.

$$K = \frac{\mathrm{d}E_{tr}}{\mathrm{d}m} \tag{4.2}$$

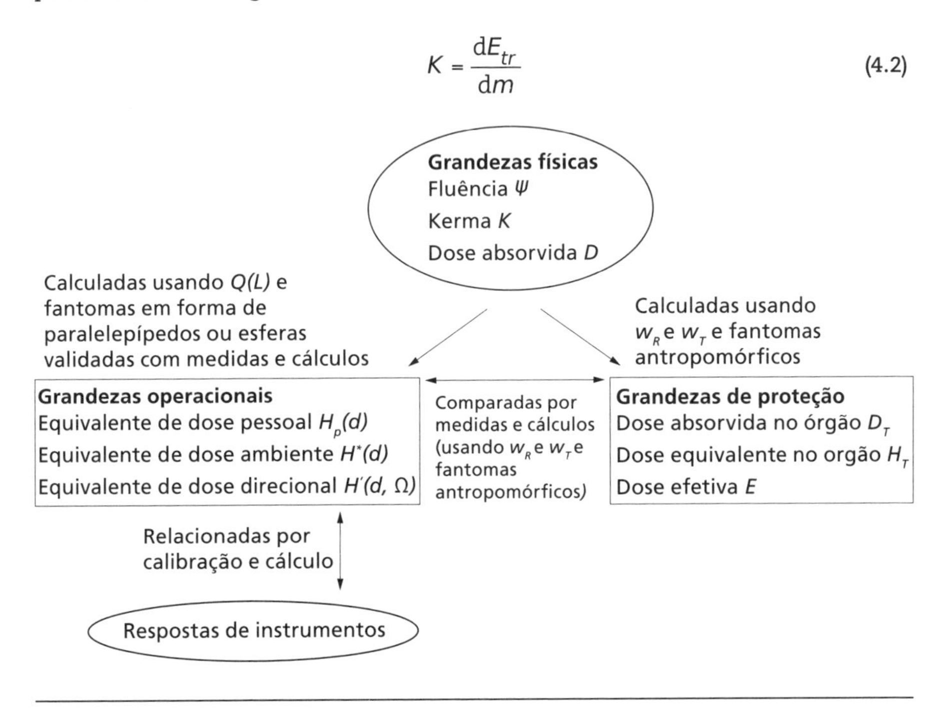

Fig. 4.1 *Grandezas físicas, de proteção e operacionais e suas correlações*
Fonte: *ICRU (1997).*

Assim, o kerma é uma grandeza aplicável à radiação indiretamente ionizante, como fótons e nêutrons. Tanto o kerma quanto a dose absorvida podem ser medidos experimentalmente com equipamentos complexos calibrados para essa finalidade. O kerma no ar (*air kerma*) constitui o valor de kerma em uma dada massa de ar e é também medido em gray. Com base no kerma no ar, pode-se estimar o kerma no ar na entrada do corpo de um ser humano e a dose absorvida na pele, assim como os equivalentes de dose, usando os coeficientes de conversão que estão tabelados (ICRU, 1997).

4.2 Exposição

A **exposição** (X), embora não conste na Fig. 4.1, é uma grandeza física e foi a primeira a ser introduzida, em 1928. Ela é definida somente para raios X e gama interagindo no ar, com tendência de cair em desuso por sua limitação, e dá uma medida da capacidade de ionização de fótons no meio ar.

$$X = \frac{dQ}{dm} \tag{4.3}$$

em que dQ é o valor absoluto da carga total de íons de mesmo sinal produzidos no ar, quando todos os elétrons liberados ou criados por fótons, num elemento de volume de ar cuja massa é dm, forem completamente freados no ar. Sua unidade é o C/(kg de ar), que substituiu a unidade röntgen (R), sendo 1 C/(kg de ar) = 3.876 R. Boa parte dos medidores portáteis de radiação, quase todos do tipo Geiger-Müller, ainda avaliam a exposição em röntgen.

4.3 Grandezas de proteção

As **grandezas de proteção** são a dose absorvida média no órgão, a dose equivalente no tecido ou órgão e a dose efetiva. A **dose absorvida média** (D_T) no órgão é a dose média absorvida em um volume grande de tecido, que se supõe ser um melhor indicador para a probabilidade de a dose de radiação causar algum efeito, visto que a dose absorvida em um ponto não é muito útil em proteção radiológica. Essa dose, medida em gray, é definida como:

$$D_T = \frac{\varepsilon_T}{m_T} \tag{4.4}$$

em que ε_T é a energia total média depositada no tecido T, e m_T, a massa desse tecido ou órgão. Uma pessoa irradiada no corpo todo com dose absorvida de

4 Gy tem 50% de probabilidade de morrer em 30 dias. Essa dose é chamada de **dose letal**.

A **dose equivalente no tecido ou órgão** (H_T) é definida para qualquer tipo de radiação R, sendo o meio o órgão ou o tecido T. É obtida da dose absorvida média $D_{T,R}$ no tecido ou órgão T exposto à radiação de tipo R e usada no estabelecimento de limites de dose para órgão ou tecido:

$$H_T = w_R D_{T,R} \tag{4.5}$$

em que w_R é o **fator de peso da radiação** R e vale 1 para fótons, elétrons e múons de qualquer energia, 2 para prótons, 20 para partículas alfa e de 5 a 20 para nêutrons, dependendo da energia. Sua unidade tem o nome especial de **sievert** (Sv), sendo 1 Sv = 1 J/kg. Quando $w_R = 1$, a dose equivalente é numericamente igual à dose absorvida média. Uma dose absorvida devida a partículas alfa é potencialmente 20 vezes mais danosa do que uma de igual valor devida a fótons, por produzir uma densidade de ionização muito grande.

O **limite de dose equivalente ocupacional** em exposições planejadas para o **cristalino** do olho é de 20 mSv/ano, média em um período de cinco anos consecutivos, além de nunca ultrapassar 50 mSv em um ano. Esse limite era de 150 mSv/ano até 2011, quando se começou a detectar aumento na incidência de um tipo específico de catarata na equipe médica que utiliza técnicas intervencionistas. Na International Conference on Individual Monitoring of Ionizing Radiation que se realizou em Bruges de 20 a 24 de abril de 2015, o tema mais discutido foi o de indução de catarata na equipe médica com o uso de radiação ionizante em técnicas intervencionistas.

A **dose efetiva** (E) é a soma de doses equivalentes H_T nos tecidos ou órgãos multiplicadas pelo fator de ponderação w_T do tecido T:

$$E = \sum_T w_T H_T \tag{4.6}$$

O **fator de ponderação** w_T se relaciona com a sensibilidade de um dado tecido ou órgão na indução, pela radiação, de câncer e efeitos hereditários. A soma de w_T de todos os órgãos considerados é 1. Isoladamente, o valor mais alto, de 0,12, é para medula óssea, cólon, pulmão, estômago e mama, enquanto o valor de 0,08 é para gônadas e o de 0,04, para bexiga, esôfago, fígado e tireoide, segundo as recomendações internacionais de proteção radiológica de 2007 (ICRP, 2007). Esses valores têm sido mudados com o passar do tempo à medida que mais conhecimentos são adquiridos. Nas recomendações internacionais de 1990 (ICRP, 1990), o valor para gônadas era de 0,20, e para mama, de 0,05.

A grandeza dose efetiva é usada para estabelecer limites de dose de radiação para o corpo todo. Ela serve para limitar a ocorrência de efeitos estocásticos, que são o câncer e os efeitos hereditários, mas não para estimar a possibilidade de ocorrência de reações teciduais, antes chamadas de efeitos determinísticos. A dose efetiva também é medida em sievert, o que causa muita confusão, pois a mesma unidade é empregada em grandezas diferentes, sem contar o uso de expressões similares para especificar distintas grandezas, como *equivalente de dose* e *dose equivalente*. O limite internacional em vigor de dose efetiva ocupacional no corpo todo é de 20 mSv/ano, em uma média de cinco anos, e nunca deve ultrapassar 50 mSv em um único ano (ICRP, 2007). Nesse limite, não são computadas as doses provenientes de radiação de fundo e de procedimentos médicos.

4.4 Grandezas operacionais

As grandezas de proteção dose equivalente e dose efetiva, usadas para ditar os limites de exposição, respectivamente, de órgão ou tecido e do corpo como um todo, não são mensuráveis. Então, como se faz para verificar a observância dos limites de exposição estabelecidos nacional e internacionalmente em trabalhadores ocupacionalmente expostos à radiação? Para solucionar essa questão, foi introduzido e definido um conjunto de **grandezas operacionais** mensuráveis: o equivalente de dose ambiente e o equivalente de dose direcional, para monitoração de área, e o equivalente de dose pessoal, para **monitoração individual**. Este último pode ser estimado por meio de um monitor individual, isto é, um porta-dosímetro contendo detectores de radiação envoltos ou não em filtros específicos. Os trabalhadores devem usar os monitores individuais para fins de controle de dose. As respostas desses monitores se correlacionam com a grandeza operacional equivalente de dose pessoal.

As grandezas operacionais fazem uma estimativa da dose efetiva ou dose absorvida média no órgão ou tecido e fornecem um valor conservativo ou o limite superior dos valores das grandezas de proteção. Essas grandezas operacionais foram introduzidas para exposição externa, isto é, quando a exposição à radiação é de fora para dentro do corpo, mas nenhuma grandeza operacional foi definida para casos de dosimetria interna. A unidade das grandezas operacionais é o sievert.

Para correlacionar as grandezas operacionais com as de proteção, e ambas com as grandezas físicas, foram calculados os coeficientes de conversão utilizando-se os códigos de transporte de radiação e modelos matemáticos apropriados.

4.5 ATIVIDADE DE UMA FONTE RADIOATIVA

A **atividade** (A) de uma fonte radioativa é o número de desintegrações sofridas pelos radionuclídeos constituintes dessa fonte por unidade de tempo. A atividade de uma fonte diminui exponencialmente com o tempo. Assim, após uma meia-vida, $T_{1/2}$, a atividade da fonte terá diminuído à metade:

$$A = A_o e^{-\lambda t} = \frac{A_o}{2^{\frac{t}{T_{1/2}}}} \tag{4.7}$$

em que A_0 é a atividade inicial, no instante t = 0, e λ é a constante de desintegração.

A unidade de atividade até 1975 era o curie (Ci), definido em homenagem a Mme. Curie e correspondente ao número de desintegrações de 1 g de rádio-226 por segundo, igual a $3{,}7 \times 10^{10}\ s^{-1}$. A nova unidade no SI é o becquerel (Bq), sendo 1 Bq = 1 s^{-1}.

4.6 RELAÇÃO ENTRE EXPOSIÇÃO X E ATIVIDADE DE UMA FONTE EMISSORA DE RAIOS GAMA

A exposição devida a raios gama emitidos por uma fonte radioativa de atividade A pode ser calculada por:

$$X = \frac{\Gamma A t}{d^2} \tag{4.8}$$

em que Γ é a **constante da taxa de exposição** de um radionuclídeo que emite fótons, t, o tempo de exposição, e d, a distância até a fonte. O valor de Γ é de 3,249 $R \cdot cm^2 \cdot mCi^{-1} \cdot h^{-1}$ e 12,97 $R \cdot cm^2 \cdot mCi^{-1} \cdot h^{-1}$ para césio-137 e cobalto-60, respectivamente. Isso significa que a exposição a uma fonte de cobalto-60 é quatro vezes maior do que aquela relativa a césio-137 de mesma atividade a igual distância e tempo de irradiação. Notar que nesses casos as unidades não estão no SI.

A dose absorvida no ar (D_{ar}) pode ser calculada com base em exposição X à radiação X e gama por:

$$D_{ar}(\text{Gy}) = 0{,}00876X(R) \tag{4.9}$$

Ela também pode ser calculada por:

$$D_{ar} = \left(\frac{\mu_{ab}}{\rho}\right)_{ar} \psi \tag{4.10}$$

em que $\left(\frac{\mu_{ab}}{\rho}\right)_{ar}$ é o coeficiente mássico de absorção de energia no ar e é ψ a fluência de energia, que pode ser obtida de $\psi = \frac{N}{S}hf$. N é o número de fótons que atravessam a área S e hf é a energia de cada fóton do feixe.

A dose absorvida no meio (D_{meio}) pode ser calculada por:

$$D_{meio} = \left(\frac{\mu_{ab}}{\rho}\right)_{meio} \psi \tag{4.11}$$

Os coeficientes mássicos dependem do meio e da energia da radiação e encontram-se tabelados no site: <http://physics.nist.gov/PhysRefData/XrayMassCoef/tab4.html>.

4.7 Relação entre kerma no ar e atividade de uma fonte emissora de raios gama

O kerma no ar (K_{ar}) a uma distância d no vácuo de uma fonte pontual emissora de fótons, com atividade A, pode ser calculado usando a equação:

$$K_{ar} = \frac{A\Gamma}{d^2}t \tag{4.12}$$

em que Γ é a constante da taxa de kerma no ar, que é uma característica de cada radionuclídeo e dada em unidades no SI por $m^2 \cdot Gy \cdot Bq^{-1} \cdot s^{-1}$. O valor de Γ para fontes de cobalto-60 e césio-137 é de, respectivamente, $8{,}5 \times 10^{-17}$ $m^2 \cdot Gy \cdot Bq^{-1} \cdot s^{-1}$ e $2{,}18 \times 10^{-17}$ $m^2 \cdot Gy \cdot Bq^{-1} \cdot s^{-1}$ (Wasserman; Groenewald, 1988).

5 Exposição à radiação natural e artificial

Toda vida em nosso planeta está exposta à **radiação natural**, chamada de **radiação de fundo** (BG, sigla de *background*). Nossos antepassados estiveram expostos a ela e nós também estaremos, queiramos ou não. O nível de radiação terrestre hoje é mais baixo do que há quatro bilhões de anos devido a decaimentos dos radionuclídeos naturais presentes na Terra. Esses radionuclídeos são os elementos das séries do urânio e do tório presentes no ambiente, sendo um dos descendentes o radônio, um gás pesado emissor de partícula alfa e responsável por quase metade de dose no corpo. Além disso, a radiação cósmica bombardeia nosso planeta continuamente.

Estamos também expostos cada dia mais à radiação proveniente de **fontes artificiais**, usadas não só em exames diagnósticos sofisticados, mas também em terapia. As pessoas que moram nas proximidades dos reatores de Chernobyl e dos reatores de Fukushima Dai-ichi que explodiram também estão sendo expostas à radiação extra.

Quando nosso corpo é exposto à radiação de fora para dentro, diz-se que a exposição é externa, e, em caso contrário, de dentro para fora, interna, em que átomos radioativos estão no corpo. Ali, a cada minuto, cerca de 250 mil átomos radioativos provenientes dos alimentos e da água que ingerimos ou do ar que inalamos estão se desintegrando, emitindo radiação, o que nos torna uma pequena fonte radioativa ambulante.

5.1 Exposição externa à radiação natural

Grande parte da **exposição externa** a que estamos submetidos diariamente é devida aos raios cósmicos e à radiação proveniente de radionuclídeos naturais. O intervalo típico internacional de dose efetiva (Unscear, 2010) que resulta da exposição à radiação cósmica é de 0,3 mSv/ano a 1,0 mSv/ano, sendo a média de 0,39 mSv/ano, e o da exposição à radiação terrestre externa, de 0,3 mSv/ano a 1,0 mSv/ano, com média de 0,48 mSv/ano, como ilustra a Tab. 5.1. A contribuição da radiação cósmica na raia olímpica do *campus* da Universidade de São Paulo (USP), medida em 2002, é de 0,22 mSv/ano, e a da radiação terrestre externa, de 2 mSv/ano.

Tab. 5.1 Dose efetiva anual do público devida à radiação proveniente de fontes naturais

Fontes naturais de exposição	Forma de exposição	Dose efetiva anual (mSv)	
		Média	Intervalo típico
Radiação cósmica	Exposição externa	0,39	0,3-1,0
Radiação terrestre externa	Exposição externa	0,48	0,3-1,0
Radônio (inalação do ar)	Exposição interna	1,26	0,2-10,0
Ingestão de água e alimento	Exposição interna	0,29	0,2-1,0
Total		2,42	1,0-13,0

Fonte: adaptado de Unscear (2010).

Da radiação cósmica que atinge a Terra, quase 87% são prótons, cerca de 12%, partículas alfa, e 1%, núcleos de elementos pesados. Essas partículas extremamente energéticas, de 10^9 eV a mais de 10^{20} eV, originam-se fora do Sistema Solar e, ao atingirem a atmosfera terrestre, colidem com os núcleos dos átomos. Dessa colisão resulta o que é conhecido como chuveiro de partículas secundárias, principalmente mésons π, ou píons, que, por sua vez, decaem em múons. Ao nível do mar, os múons constituem mais da metade da radiação cósmica, sendo o restante composto de elétrons, pósitrons e fótons, e a contribuição à dose devida a múons pode alcançar 89%. Em 2013, múons provenientes da radiação cósmica foram utilizados para obter uma imagem dos núcleos dos reatores danificados de Fukushima Dai-ichi (Miyadera et al., 2013). Os chamados *muon scans* também foram usados para descobrir câmaras secretas das grandes pirâmides do Egito (Alvarez et al., 1970).

O campo magnético e a atmosfera são as duas entidades importantes de proteção contra a radiação cósmica na superfície terrestre. O campo magnético terrestre faz com que a intensidade da radiação cósmica seja menor na região do equador e maior nos polos, região menos povoada. A atmosfera, por sua vez, atenua a radiação cósmica, e sua intensidade diminui com o decréscimo da altitude, a partir de um valor máximo a 25 km, para uma dada latitude. A intensidade da radiação cósmica a 2.000 m e 3.000 m de altitude é, respectivamente, cerca de 2,5 vezes e cerca de 3,5 vezes maior do que aquela ao nível do mar. Esse valor varia de local para local, dependendo da latitude, porém parece ter se mantido constante, em média, para um dado local da Terra.

Na altitude de voo de aviões, a radiação cósmica é constituída principalmente de nêutrons, prótons e píons, e a contribuição de nêutrons na taxa de dose varia de 40% a 80%. Os aviões comerciais voam tipicamente a uma altura de aproximadamente 6 km a 12 km do solo, onde a taxa de dose duplica a cada 1.830 m de altitude crescente. Em uma viagem intercontinental de São Paulo a Paris, por exemplo, em que se voa a cerca de 12 km do solo durante aproximadamente 12 horas, um passageiro pode acumular uma dose extra de 40 μSv. A tripulação de uma aeronave comercial que faz esse voo intercontinental pode chegar a acumular, em um ano, uma dose extra de 3,6 mSv.

A quantidade de radiação gama proveniente de radionuclídeos naturais existentes na crosta terrestre e que contribui para a exposição externa também varia muito de local para local. As maiores anomalias nas concentrações de minerais radioativos no solo brasileiro têm sido encontradas nas areias monazíticas das praias de Guarapari (ES) e na região de Poços de Caldas (MG), Caetité (BA), Santa Quitéria (CE) e Monte Alegre (PA). Em algumas ruas de Guarapari, os níveis de radiação chegam a ser dez vezes maiores do que o nível normal. Pessoas que moram em casas de concreto estão mais sujeitas à radiação do que as que moram em casas de madeira. As Indústrias Nucleares do Brasil, uma empresa brasileira vinculada à Comissão Nacional de Energia Nuclear (CNEN), extraem o minério das minas de Caetité e o beneficiam para produzir o *yellowcake*, um pó muito fino de cor amarela que é o concentrado de urânio. Trata-se do início do processo para a obtenção de combustível de reator nuclear.

5.2 Exposição interna à radiação natural

Nossa **exposição interna** à radiação natural é devida à ingestão de alimentos e água e à inalação do ar, que contribuem com uma dose efetiva anual média típica de 1,55 mSv (Unscear, 2010), como se pode ver na Tab. 5.1. Dos três isótopos de potássio existentes na natureza, somente o potássio-40 é radioativo. Ele é responsável por 0,17 mSv de dose efetiva interna anual que provém da ingestão de alimentos e água, e essa dose pode ser calculada considerando-se a meia-vida efetiva, que é o produto da meia-vida biológica pela meia-vida física dividido pela soma dessas duas meias-vidas.

A meia-vida biológica de um nuclídeo num órgão é o tempo necessário para que metade da quantidade inicial do nuclídeo presente no órgão seja removida dele, independente de ser radioativo ou não. Ela varia de pessoa para pessoa e de adulto para criança, pois depende fortemente do metabolismo. A meia-vida física do potássio-40 é de 1,26 bilhão de anos, enquanto sua meia-vida biológica é, em média, de 58 dias. Quando uma das meias-vidas é muito menor do que a outra, a efetiva é praticamente igual à de menor valor; portanto, no caso do potássio, a meia-vida efetiva é, em média, de 58 dias.

O potássio localiza-se nos músculos do corpo humano, em uma concentração de 2 g por cada kilograma de músculo. A atividade do potássio-40 em uma pessoa com 70 kg é da ordem de 3.700 Bq, isto é, em cada segundo ocorrem 3.700 desintegrações desse radionuclídeo no corpo. Juntamente com o sódio, o potássio tem um papel muito importante na transmissão de impulsos nervosos no organismo. Por esse motivo, é um elemento essencial na dieta alimentar diária, podendo ser encontrado no feijão, nas verduras frescas, no leite etc. Seu consumo diário por adultos varia de 1,4 g a 6,5 g. Para bebês, a única fonte de potássio é o leite, uma vez que só se alimentam dele. Em 2013, a Organização Mundial da Saúde (OMS) emitiu a orientação de que o consumo diário de potássio por adultos seja de pelo menos 3,51 g.

Em cada litro de leite de vaca existe, em média, cerca de 1,4 g de potássio, do qual 0,0118% é de potássio-40, radioativo, e a atividade correspondente é de 44 Bq. Isso significa que o leite já é naturalmente radioativo, com atividade média de 44 Bq/L, devido exclusivamente ao potássio-40.

Entre os alimentos que apresentam maior atividade de potássio-40, pode-se citar o espinafre, com 240 Bq/kg, e a cenoura, a batata e a banana, com cerca de 120 Bq/kg. O restante de dose efetiva anual interna média devida à ingestão de alimentos e água, de 0,12 mSv, decorre principalmente do carbono-14.

É interessante observar que alguns alimentos concentram mais algum tipo de radionuclídeo do que outros, além de que um mesmo alimento pode conter diferentes quantidades de radionuclídeo, dependendo do solo no qual a árvore que o produz está plantada. É o caso da castanha-do-pará, que possui tendência em concentrar rádio (Eisenbud, 1987). A atividade máxima encontrada nessa planta devida a rádio-226 e rádio-228 foi de 520 Bq/kg. Sua concentração de rádio chega a ser mil vezes superior àquela identificada na dieta alimentar média americana. Além disso, a castanha-do-pará contém potássio-40, com atividade da ordem de 200 Bq/kg.

5.3 Exposição à radiação artificial

Além da radiação natural, o ser humano está também exposto à radiação emitida por artefatos produzidos por ele próprio.

A dose efetiva anual média no ser humano proveniente da **radiação artificial** é de 0,60 mSv, que resulta principalmente da exposição à radiação para a obtenção de imagens médicas. Esse valor depende de país para país, sendo muito grande em países desenvolvidos. Outras contribuições incluem o fumo, que contém polônio-210, emissor de partícula alfa, os testes de armas nucleares e os acidentes em reatores nucleares. A **dose efetiva anual** devida à radiação proveniente de fontes artificiais está listada na Tab. 5.2.

Tab. 5.2 Dose efetiva anual devida à radiação proveniente de fontes artificiais

Fontes artificiais de exposição	Dose efetiva anual (mSv)	
	Média	Intervalo típico
Médica	0,60	0,03-2,0
Poeira de testes nucleares	0,007	0-1,0
Outros	0,0052	0-20
Total	0,61	0-20

Fonte: adaptado de Unscear (2010).

O National Council on Radiation Protection and Measurements (NCRP, 2009) relata que a quantidade de radiação natural se alterou muito pouco nas últimas duas décadas. Entretanto, a dose na população americana em razão de procedimentos diagnósticos para a obtenção de imagens médicas, incluindo a tomografia computadorizada e exames cardíacos de Medicina Nuclear, vem aumentando dramaticamente. O uso de tomografia computadorizada elevou-se de poucos milhões de procedimentos em 1980 para mais de 60 milhões em 2006. Dados comparativos de exposição à radiação de fundo e exposição médica, entre outras, da população americana em 1980 e 2006 podem ser vistos na Fig. 5.1. Essa figura mostra que a exposição à radiação médica passou de 15% para 48% nesses anos. Ela dá a impressão errada de que a exposição anual à radiação de fundo diminuiu, quando na verdade se manteve praticamente constante; ela diminuiu em relação às exposições médicas.

A Tab. 5.3 apresenta a **dose efetiva anual média** na população americana devida a diferentes agentes em 1980 e 2006, também segundo Report nº 160 do NCRP (2009). Nela se verifica que o aumento na dose efetiva anual média foi praticamente causado por **exposições médicas**.

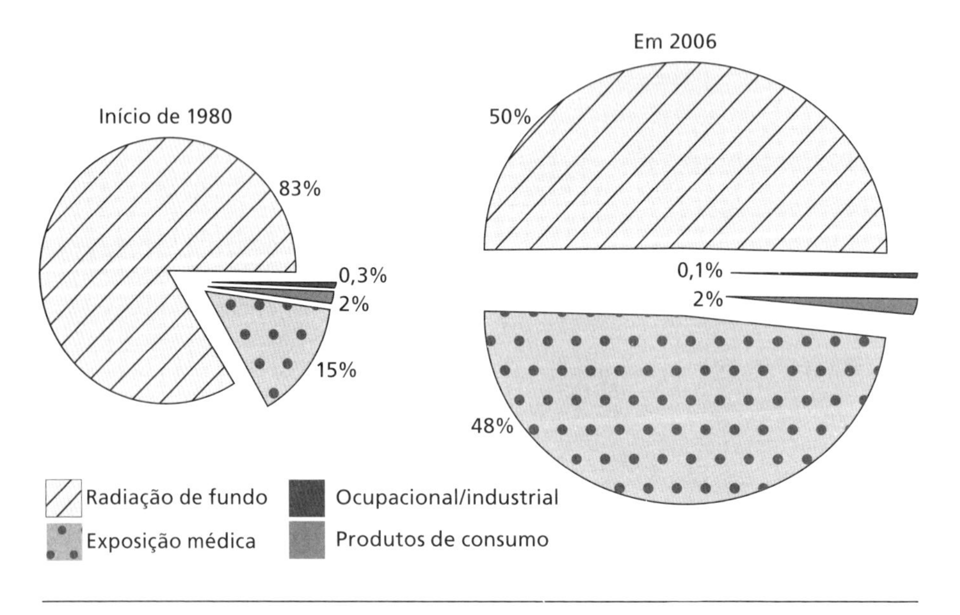

Fig. 5.1 *Dados comparativos de exposição à radiação de fundo e exposição médica, entre outras, da população americana em 1980 e 2006*

Fonte: *adaptado de NCRP (2009).*

Tab. 5.3 Dose efetiva anual média na população americana em 1980 e 2006

Categoria de exposição	Dose efetiva anual média na população americana (mSv)	
	Em 1980	Em 2006
Radiação de fundo (BG)	3,00	3,11
Procedimentos médicos	0,53	3,00
Produtos de consumo	0,05-0,13	0,13
Outros	0,001	0,003
Total	3,6	6,2

Fonte: NCRP (2009).

A Fig. 5.2 ilustra esse aumento na dose efetiva anual média na população americana, que passou de 3,6 mSv em 1980 para 6,2 mSv em 2006 (NCRP, 2009).

Em dezembro de 2012, a OMS (WHO, 2012), preocupada com o aumento de dose infantil devida a exames para a obtenção de imagens médicas pediátricas, organizou um *workshop* intitulado "Radiation risk communication in paediatric imaging". Com frequência, os profissionais que pedem exames não estão informados a respeito de dose de radiação ionizante e de seus efeitos nem a respeito de outros exames, muitas vezes mais adequados e menos invasivos e que poderiam substituir aqueles. Vale a pena ressaltar que, entre as radiações a que a população está normalmente exposta, as doses que resultam da obtenção de imagens médicas e odontológicas são as únicas que podem ser diminuídas.

Outra fonte de radiação artificial, que afeta principalmente o hemisfério Norte, é a poeira radioativa resultante de testes ou acidentes nucleares. O primeiro teste nuclear ocorreu em 1945, em Jornada del Muerto, nos Estados Unidos, com a explosão de uma bomba de plutônio fabricada durante o

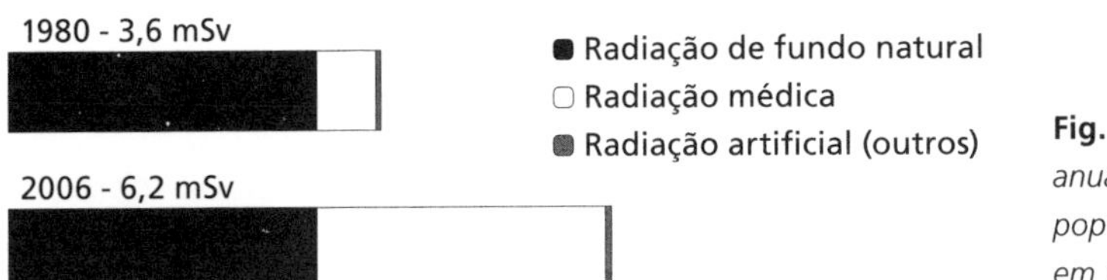

Fig. 5.2 *Dose efetiva anual média na população americana em 1980 e 2006*

Projeto Manhattan. Em seguida, os americanos lançaram uma bomba atômica em Hiroshima e outra em Nagasaki. Os elementos radioativos liberados nas explosões acabaram se depositando no solo e entrando na cadeia alimentar.

De 1945 a 1996, foram efetuados mais de dois mil **testes nucleares** pelos países detentores de bombas atômicas. Os americanos realizaram mais de mil testes nucleares, principalmente no deserto de Nevada e no atol de Bikini; a ex-União Soviética, mais de 700, principalmente no Cazaquistão; a França, mais de 200, no atol de Moruroa; o Reino Unido, quase 90, em território australiano; e a China, quase 50, em Malan. Posteriormente, entraram nessa corrida armamentista a Índia e o Paquistão. A Coreia do Norte também vem realizando testes nucleares desde outubro de 2006.

Inicialmente, os testes nucleares eram feitos ao ar livre. Quando já haviam explodido cerca de 500 bombas, os Estados Unidos, o Reino Unido e a União Soviética assinaram, em 1963, um acordo para não mais realizar testes ao ar livre. Como a França e a China não participaram desse acordo, explodiram algumas bombas ao ar livre após essa data, porém em número bem menor. Assim, o acúmulo de estrôncio-90 no solo em virtude da poeira radioativa aumentou, a partir de 1954, de cinco a dez vezes no hemisfério Norte e de 1,5 a três vezes no hemisfério Sul.

Como, no acordo firmado pelas superpotências, nada constava sobre testes subterrâneos, os Estados Unidos passaram a executar esse tipo de teste, e, até 1971, já haviam efetuado pelo menos 220 detonações no subsolo. Felizmente, nesse tipo de teste a liberação de radionuclídeos na atmosfera é baixa. Em 1974, as superpotências comprometeram-se a não detonar no subsolo artefatos nucleares com rendimento superior a 150 kilotons. Dois anos depois, em 1976, um novo acordo limitou em 150 kilotons a potência das explosões subterrâneas tanto para fins pacíficos como militares.

Vale a pena rememorar que a Marinha brasileira, na expectativa de fazer um teste subterrâneo, cavou, na **serra do Cachimbo**, no Pará, um imenso buraco com 1,5 m de diâmetro e mais de 300 m de profundidade. O programa nuclear paralelo secreto desenvolvido pela Marinha iniciou-se em 1979 e o projeto de construção do buraco tinha o codinome de Projeto Solimões. A existência desse buraco foi denunciada pela *Folha de S.Paulo* em 1986 e ele foi fechado em 1990, ocasião em que se veiculou na mídia uma foto do então presidente Fernando Collor de Mello (1949-) colocando uma pá de cal sobre sua entrada.

Os acidentes em reatores nucleares constituem outra fonte de radiação artificial. No caso do acidente no reator número 4 de Chernobyl, que explodiu, a poeira radioativa subiu para a atmosfera, foi levada pelo vento e chegou a contaminar quase todo o continente europeu. Já no acidente nos reatores de Fukushima Dai-ichi, inicialmente o vento levou parte da poeira radioativa para o mar. As consequências desse acidente para a geração de energia elétrica serão tratadas em uma seção à parte.

6 Reatores nucleares

Um **reator nuclear** é um sistema que utiliza a **energia nuclear** para iniciar e controlar reações em cadeia. Uma aplicação importante dos reatores de baixa potência, de no máximo 100 MW, é a produção de radioisótopos, e dos reatores de alta potência, a geração de eletricidade, a que este capítulo se aterá.

Diferentemente de uma usina termelétrica, em que a energia é produzida a partir do calor gerado pela queima de combustíveis fósseis, em um reator nuclear usa-se a energia liberada pela **fissão** de núcleos atômicos. Na fissão nuclear, o núcleo de um átomo pesado, quando atingido por um nêutron, rompe-se em dois ou mais fragmentos, liberando energia. Um dos átomos físseis é o urânio-235, um isótopo do urânio que existe na natureza e constitui apenas 0,7% do total, sendo os 99,3% restantes de urânio-238, que não é físsil. Para ser empregado como combustível em um reator nuclear, o urânio-235 deve ter sua concentração aumentada para 3% a 5%, procedimento conhecido pelo nome técnico de **enriquecimento do urânio**. É interessante ressaltar que, na bomba lançada pelos americanos em Hiroshima, o elemento físsil era o urânio-235, e que sua concentração numa bomba atômica deve atingir 90%.

Após uma sequência de operações sofisticadas, partindo do **minério de urânio** obtido da crosta terrestre, chega-se à fabricação de pastilhas de dióxido de urânio com cerca de 1 cm de diâmetro e 1 cm de altura, que é o combustível propriamente dito. Quatrocentas dessas pastilhas são colocadas em um tubo de uma liga metálica, o zircaloy, com 4 m de comprimento e que é denominado vareta. Um feixe de mais de 200 varetas forma o chamado elemento combustível, uma estrutura rígida colocada dentro do vaso de pressão do reator. Angra 1 e Angra 2, por exemplo, operam com 121 e 193 elementos combustíveis, com respectivamente 235 e 236 varetas.

A cada ano, um terço do combustível que queimou durante três anos em um reator nuclear deve ser substituído por combustível novo, pois a concentração do radionuclídeo físsil de urânio-235 volta a ser de 0,7%, isto é, o mesmo valor encontrado na natureza. O combustível é retirado do vaso do reator e armazenado em uma piscina, submerso em água, porque continua muito quente. Durante esses três anos, a fissão do urânio-235 produz uma quantidade imensa de vários radionuclídeos, como xenônio, zircônio, neodímio, césio e iodo, além de plutônio-239, este com meia-vida extremamente longa, de 24.100 anos. Quando ocorre um acidente com a explosão do reator, esses radionuclídeos são liberados na atmosfera; foi o que aconteceu com o reator número 4 de Chernobyl e com alguns de Fukushima Dai-ichi.

O tempo médio gasto para a construção de um reator nuclear americano é de 14,9 anos, e de um reator do Reino Unido, de 11,7 anos. O período de operação de muitos reatores foi prorrogado de 40 anos para 60 anos. Já o período de **descomissionamento**, que corresponde ao fechamento permanente e à liberação do terreno ao público, é de cerca de 60 anos. O último e o penúltimo reatores americanos a entrar em operação, respectivamente em 2016 e 1996, demoraram 43 anos e 23 anos para ser construídos. Os reatores Angra 1 e Angra 2 levaram, respectivamente, 14 anos e 25 anos para entrar em operação.

6.1 Informações sobre reatores do mundo

O Power Reactor Information System (Pris – www.iaea.org/pris), site da Agência Internacional de Energia Atômica (IAEA), traz uma série de informações sobre todos os reatores do mundo, tais como aqueles em operação, em construção, em descomissionamento etc. A seguir são relacionadas algumas dessas informações fornecidas pelo Pris, juntamente com outras coletadas por Schneider et al. (2016).

Em janeiro de 2018, havia 448 reatores operacionais no mundo, sendo 99 dos Estados Unidos, 58 da França, 42 do Japão (todos operacionais, mas paralisados, com exceção de Takahama 3 e 4, que voltaram a operar a partir de agosto de 2016; Sendai 1 e 2, a partir de 2015; e Ikata 3, a partir de 2016, a despeito de manifestações populares contrárias), 38 da China, 35 da Rússia, 24 da Coreia do Sul, 22 da Índia, 19 do Canadá, 15 do Reino Unido, 15 da Ucrânia, 8 da Suécia, 8 da Alemanha e 65 de outros países espalhados pelo mundo. Metade desses reatores já operou por 30 anos, enquanto um terço dos reatores dos Estados Unidos já operou por mais de 40 anos. Segundo a U.S. Energy Information Administration, a idade média dos reatores americanos em operação é de 35,6 anos, sendo que oito deles já completaram 45 anos.

Por sua vez, até agosto de 2017, 164 reatores já haviam sido permanentemente desativados, sendo 34 dos Estados Unidos, 30 do Reino Unido, 28 da Alemanha, 17 do Japão, 12 da França e 43 de outros países. Apesar da informação de que o tempo de operação dos reatores tenha sido prorrogado para 60 anos, a idade média de todos os reatores permanentemente desativados é de 24,7 anos. O tempo médio de operação dos reatores americanos é de 15,8 anos, dos da Alemanha, de 19,2 anos, dos do Reino Unido, de 35 anos, e dos da França, de 21 anos. Também segundo o Pris, o fechamento permanente de reatores decorre de motivos econômicos (52%), não aceitação do público (21%), motivos técnicos (13%), alteração nos requisitos de licenciamento (9%) e acidente ou incidente (4%).

Atualmente há 59 reatores em construção, sendo 19 na China, 7 na Rússia, 6 na Índia, 2 nos Estados Unidos, 4 na Coreia do Sul, 4 nos Emirados Árabes e 17 em outros países, entre eles o Angra 3, no Brasil, cuja construção começou em 1976.

Após o acidente com os reatores de Fukushima Dai-ichi, no Japão, a Alemanha resolveu desativar todos os seus reatores até 2022, fechando aos poucos os oito atualmente em operação.

6.2 Descomissionamento de um reator

Terminado o prazo de funcionamento de um reator nuclear, ele tem que ser descomissionado, processo que inclui a retirada do combustível queimado, a demolição do reator como um todo, a descontaminação e a colocação do local à disposição do público.

O número de **reatores de potência** para a geração de energia elétrica descomissionados é pequeno. O tempo de descomissionamento, que pode durar 60 anos por causa da imensa quantidade de material radioativo, pode ser feito optando-se por desmantelamento imediato, desmantelamento adiado – também chamado de armazenamento seguro – ou sepultamento (do inglês *entombment*). Na primeira opção, toda a estrutura, os componentes e os equipamentos do reator, assim como o combustível usado, são removidos. Na segunda opção, a planta nuclear, incluindo o vaso do reator, é conservada intacta e protegida por até 60 anos, à espera de decaimentos radioativos. No sepultamento, uma cobertura de concreto é construída, enclausurando todo o prédio do reator. Foi o que se fez, por exemplo, no reator número 4 de Chernobyl, que explodiu em 26 de abril de 1986.

O principal problema do descomissionamento é o acúmulo de material radioativo, incluindo o combustível usado, que se transforma em rejeito radioativo, popularmente chamado de lixo radioativo.

6.3 Histórico da gestão de rejeitos de reator nuclear

O primeiro reator nuclear de potência para a geração de energia elétrica foi construído na ex-União Soviética em 1954. Os seguintes foram construídos, respectivamente, no Reino Unido em 1956 e nos Estados Unidos em 1958. A partir de aproximadamente 1966 houve um crescimento exponencial do número de reatores de potência no mundo, o que ocorreu até por volta de 1988, quando o crescimento estacionou. O aumento no número de reatores ocorreu apesar de não haver solução para os rejeitos gerados, principalmente o combustível queimado, que estava sendo armazenado nas próprias piscinas dos reatores. Entretanto, quando elas começaram a ficar lotadas, começou-se a discutir para encontrar soluções. Tambores contendo rejeitos começaram a ser jogados em valas, e foi nessa época que se cogitou até lançá-los ao espaço numa espaçonave ou comprar um terreno em um país subdesenvolvido para usar como depósito. Depois os tambores passaram a ser depositados em minas de sal abandonadas ou a ser jogados no mar. De 1946 a 1993, 13 países – Rússia, Reino Unido, Suíça, Estados Unidos, Bélgica, França, Holanda, Japão, Suécia, Nova Zelândia, Alemanha, Itália e Coreia do Sul – jogaram no oceano rejeitos e até vasos de reatores. A partir de 1993, por tratados internacionais, essa prática foi banida.

6.4 Rejeitos gerados por um reator nuclear

Ao gerar energia, um reator nuclear produz rejeitos radioativos que são classificados em três categorias:

- *rejeitos de baixa atividade*: papéis, ferramentas, roupas especiais, sapatilhas, filtros etc. utilizados na operação de reatores;
- *rejeitos de média atividade*: filtros, efluentes líquidos solidificados e resinas;
- *rejeitos de alta atividade*: combustíveis usados.

Os rejeitos de baixa e média atividade são compactados para ter seu volume diminuído, passam por um processo de solidificação e depois são embalados em recipientes especiais, como tambores de aço e caixas metálicas ou de concreto, que são empilhados uns sobre os outros em depósitos ou, no caso dos rejeitos de baixa atividade, enterrados. Esses rejeitos contêm radionuclídeos de meia-vida longa e devem ser preservados por 300 anos.

Nos casos de Angra 1 e 2, a geração anual média de rejeitos de baixa e média atividade é, respectivamente, de cerca de 390 tambores e de mil tambores de 200 L.

Os rejeitos de alta atividade, que devem ser preservados por dez mil a um milhão de anos, são armazenados em piscinas dentro do prédio do reator até que o calor residual decaia ou até lotar a piscina. Depois de resfriados e retirados da piscina, podem ser colocados em recipientes chamados de ***dry casks***, cada um com comprimento ao redor de 5 m, diâmetro de 2,5 m a 5,3 m e chegando a pesar 126 t por causa da espessa camada de concreto. Cerca de 30 deles são colocados sobre uma plataforma de concreto reforçado em sítios próximos ao reator. Nos Estados Unidos, até 2014 havia mais de dois mil *dry casks* (Sampson, 2015).

O único **depósito permanente de rejeito** de alta radioatividade de combustível queimado de reator nuclear está sendo construído na Finlândia, a 500 m de profundidade, numa rocha de granito (ver Figs. 6.1 e 6.2), com descida em espiral. Esse país tem quatro reatores em operação, que começaram suas atividades em 1977, 1979, 1981 e 1982, e um com construção iniciada em 2005. O projeto chama-se **Onkalo**, e sua duração está prevista para pelo menos cem mil anos (Onkalo..., s.d.). A escavação da rocha foi iniciada em 2004 e espera-se ser possível começar a receber o combustível queimado dos reatores a partir de 2020. A estimativa é de que o depósito seja selado em 2120 e aberto só daqui a cem mil anos, se for o caso.

Uma questão a considerar é: em qual língua deixar uma mensagem para a posteridade? Em esperanto? Em 1993 foi proposto pelo Departamento de Energia americano que uma placa com uma mensagem em inglês fosse colocada nos locais de depósito de rejeito de reator nuclear para as futuras gerações (Gordon, 2017). A mensagem diz:

> This place is not a place of honour.
> No highly esteemed deed is commemorated here.
> Nothing valued is here.
> What is here is dangerous and repulsive to us.
> This message is a warning about danger.

Na Suécia, existe o projeto **Forsmark**, similar ao de Onkalo, com início de construção previsto para 2020 e entrada de operação em 2030, também com duração de cem mil anos. O projeto prevê que todo o rejeito de alto nível dos oito reatores em operação desse país seja colocado no depósito.

Nos Estados Unidos, o Departamento de Energia iniciou, em 1978, um estudo sobre a possibilidade de usar **Yucca Mountain** como local de construção do primeiro depósito permanente de rejeito nuclear do país, sendo esse rejeito proveniente das centenas de reatores de potência espalhados por todo o seu território. Desde então, os prós e os contras por parte do público e da política fizeram com que essa decisão não se concretizasse. Entre os contras se destacam: a proximidade de Las Vegas, centro que atrai turistas

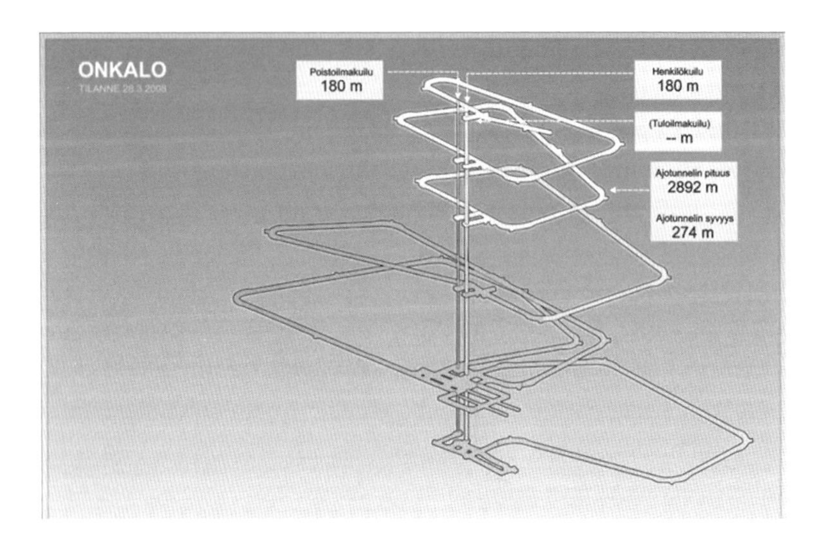

Fig. 6.1 *Projeto de construção de depósito permanente de combustível queimado na Finlândia*

do mundo todo para seus cassinos, e o fato de os carregamentos de combustível queimado terem de atravessar os Estados Unidos para chegar ao local do depósito, cada carregamento simulando uma Chernobyl ambulante.

Durante a campanha para a presidência dos Estados Unidos, em 2008, Barack Hussein Obama II (1961-) prometeu abandonar o projeto Yucca Mountain. A partir de 2009, a administração do governo Obama tentou fechar esse depósito, apesar de uma lei ter decidido que esse seria o lugar para o depósito nacional de rejeito nuclear. Em 2010, o Departamento de Energia resolveu por bem descontinuar o programa, afirmando que a nação precisava de uma solução melhor para esses rejeitos (U. S. Department of Energy, 2010).

Segundo um artigo publicado na *Nature* (Tollefson, 2011), a capacidade do depósito de Yucca Mountain, quando pronto, seria de 70.000 t. O combustível queimado de reatores que já estava armazenado nas piscinas chegava a 49.600 t. Além disso, havia 15.600 t de *dry casks* e 8.000 t de rejeitos provenientes de ogivas nucleares, o que perfazia um total de 73.200 t, ultrapassando em 3.200 t a capacidade do depósito. Onde seriam colocadas então as 2.000 t de rejeitos de alta atividade de reatores comerciais produzidas a cada ano?

Fig. 6.2 *Escavação em rocha do projeto Onkalo*

Fonte: *Kallerna (CC BY-SA 3.0, https://goo.gl/LTRWgq).*

Em 2012, o então presidente Barack Obama retirou do orçamento as despesas para a construção do depósito de Yucca Mountain. Entretanto, em março de 2017, a administração do presidente Donald John Trump (1946-) incluiu US$ 120 milhões no orçamento de 2018 para reativar a construção do depósito de rejeitos de reatores nucleares americanos no deserto de Nevada (Wolfgang, 2017).

No caso das usinas de Angra 1 e 2, o combustível usado está sendo armazenado submerso na piscina do reator. Em **Angra 1**, a piscina está localizada no edifício em que se encontra o combustível, na própria usina, e, em **Angra 2**, em uma piscina localizada no edifício do reator da usina. A piscina de Angra 1 tem capacidade para armazenar o **combustível usado** durante 40 anos, isto é, ao longo de todo o tempo de operação da usina (se não for prorrogado), e a de Angra 2, durante metade da vida útil do reator, de 19 anos, sendo o esgotamento previsto para 2020 e 2018, respectivamente.

As consequências de um acidente em um reator nuclear merecem um capítulo específico, o Cap. 7.

6.5 Os reatores nucleares para a geração de energia elétrica do Brasil

A **Central Nuclear Almirante Álvaro Alberto** (CNAAA) consta de três usinas nucleares: Angra 1, Angra 2 e Angra 3, esta última em construção (Fig. 6.3). De propriedade da **Eletronuclear**, subsidiária das Centrais Elétricas Brasileiras (**Eletrobrás**), todas são do tipo PWR (da sigla em inglês para reator de água pressurizada), com potência de 640 MW, no caso de Angra 1, e 1.350 MW, no caso de Angra 2 e 3.

Angra 1 foi adquirida da empresa americana Westinghouse como um pacote fechado, sem a previsão de transferência de tecnologia por parte do fornecedor. Sua construção foi iniciada em 1972, durante o governo militar do então presidente Emílio Garrastazu Médici (1905-1985), e entrou em operação comercial em 1985. Recebeu o apelido de "vaga-lume" por funcionar intermitentemente nos primeiros dez anos, devido a inúmeros problemas.

Em 1975, durante a ditadura militar no Brasil (1964-1985), foi assinado o Acordo Nuclear Brasil-Alemanha. Segundo esse acordo, o Brasil se comprometia a construir até oito usinas nucleares para a geração de eletricidade. Provavelmente, esse foi o maior contrato na história da indústria nuclear (Schneider et al., 2016). Ele começou a fracassar em 1980 em virtude da crise econômica brasileira, e, das oito usinas nucleares previstas, só foi construída mais uma além de Angra 1, Angra 2. Sua construção começou em 1976, com tecnologia alemã Siemens/KWU, com a paralisação das atividades de 1983 a 1996, quando então foi retomada, e a usina entrou em operação comercial em 2001. A construção da terceira usina, Angra 3, irmã gêmea de Angra 2, foi iniciada em 1976, paralisada em 1986 e somente reativada a partir de 2010.

Fig. 6.3 *Reator de Angra 2, à esquerda, e de Angra 1, à direita (escondida), em foto tirada pela autora em 18 de agosto de 2015 por ocasião da visita com os professores das escolas técnicas do Centro Estadual de Educação Tecnológica Paula Souza*

A entrada em operação estava prevista para 2015, mas teve que ser adiada para 2018 devido a entraves jurídicos, ambientais ou de engenharia e falhas de planejamento. No dia 28 de julho de 2015, o almirante Othon Luiz Pinheiro da Silva (1939-), presidente da Eletronuclear de 2007 a 2014, foi preso sob suspeita de receber R$ 4,5 milhões de comissão por contratos das empreiteiras Andrade Gutierrez e Engevix, na 16ª fase da Operação Lava-Jato, da Polícia Federal.

A CNAAA está localizada na praia de Itaorna ("pedra podre", em tupi-guarani), em Angra dos Reis, no Estado do Rio de Janeiro. Por ali passa a rodovia BR-101, estreita, tortuosa, sujeita a deslizamentos e de manutenção precária, que seria a única rota de escape de 169 mil habitantes do município de Angra dos Reis (segundo o Censo 2010), que teria que ser evacuada em caso de acidente em uma das três usinas nucleares. Em certa ocasião, quando perguntado sobre a dificuldade de evacuação da população das vizinhanças dos reatores de Angra, o presidente da **Comissão Nacional de Energia Nuclear** (CNEN) respondeu que uma solução seria deixar ancorado na baía de Angra um navio grande para essa finalidade.

6.6 O Brasil não precisa de reatores nucleares para geração de energia elétrica

O Brasil dispõe de inúmeras fontes de energia. A **opção nuclear** se correlaciona intimamente com várias seriíssimas questões que são internacionais, sendo duas das principais:

O que fazer com o **rejeito nuclear de alta atividade** proveniente do combustível usado?

Após um acidente sério com a contaminação do ambiente com radionuclídeos, o entorno do reator pode ficar inabitável por um período de dez mil a cem mil anos. As consequências de um acidente em um reator nuclear podem perdurar por esse período, causando gastos infindáveis e estresse sem precedentes na população, que nunca mais poderia retornar a seus lares.

Além disso, o preço da energia gerada por uma usina nuclear é muito alto se comparado com o de outras formas de geração de eletricidade, quando se considera a construção, o tempo de vida útil e o descomissionamento. O preço da construção de uma nova usina sempre cresce por necessidade de inclusão de mais sistemas de segurança, não obedecendo à chamada curva de aprendizado, em que o custo da segunda obra é sempre inferior ao da primeira.

Segundo Joaquim Francisco de Carvalho, ex-diretor da Nuclen (atual Eletronuclear), as usinas nucleares não são economicamente competitivas no Brasil: o custo da energia produzida por uma usina hidrelétrica fica em cerca de US$ 46/MWh, e, por uma usina nuclear, em US$ 113/MWh, quase 2,5 vezes mais cara (Carvalho, 2012).

7 Acidentes nucleares

7.1 Classificação de acidentes

A Agência Internacional de Energia Atômica (IAEA) desenvolveu, a partir de 1990, a Escala Internacional de Eventos Nucleares (**Ines**, da sigla em inglês) (IAEA, s.d., 2009), com o propósito de comunicar ao público, de maneira clara e direta, a gravidade de eventos em usinas nucleares. Posteriormente, essa escala foi estendida a todos os eventos relacionados com o transporte, o armazenamento e o uso de material radioativo e fontes de radiação. Como mostra a Fig. 7.1, os eventos são classificados de 1 a 7, em escala logarítmica, similar à escala Richter de terremotos. Nessa escala, cada ponto de incremento significa um aumento de dez vezes em gravidade. Os eventos de níveis 1 a 3 são designados como incidentes, e os de níveis 4 a 7, acidentes, dependendo do grau de contaminação radioativa e da exposição do público e do ambiente à radiação.

Os incidentes de níveis 1 e 2 acontecem com razoável frequência em reatores nucleares, enquanto os acidentes de níveis 5 a 7 são mais raros, mas, como nenhuma máquina é infalível, não se pode afirmar que não ocorram. Exemplos de alguns eventos gravíssimos em reatores nucleares e sua classificação segundo a Ines são os acidentes nos reatores de Fukushima Dai-ichi, no Japão, em março de 2011 e no reator 4 de Chernobyl, na Ucrânia, em abril de 1986 – nível 7; e os acidentes no reator 2 de Three Mile Island, nos Estados Unidos, em março de 1979 e no reator 1 de Windscale, no Reino Unido, em outubro de 1957 – nível 5.

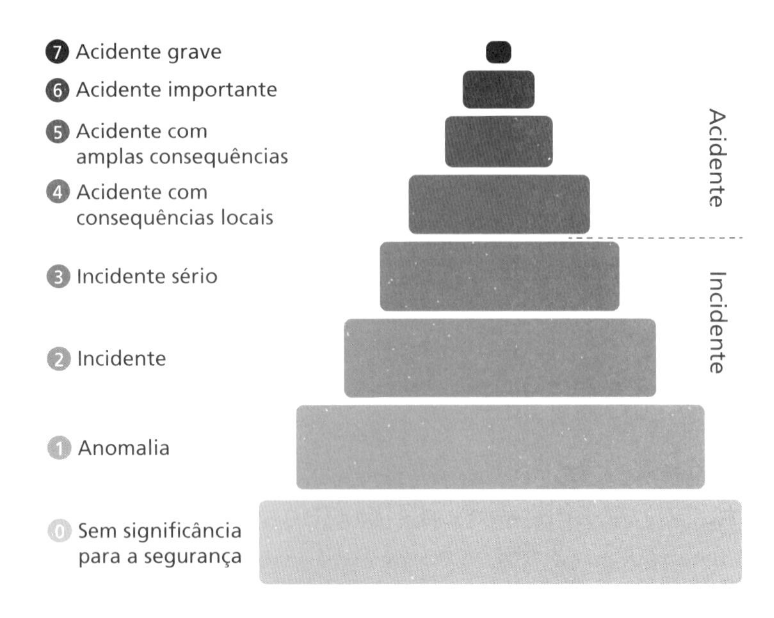

Fig. 7.1 *Escala Ines para classificar qualquer evento associado com o uso, o armazenamento e o transporte de fontes e materiais radioativos*

Fonte: *IAEA (s.d.).*

Entre os eventos envolvendo fonte radioativa e seu transporte, pode-se citar os incidentes de nível 3 em **Yanango**, no Peru, em 1999, com uma fonte de irídio-192 de um aparelho de gamagrafia industrial (IAEA, 2000a), e em **Istambul**, na Turquia, no mesmo ano, com uma fonte de cobalto-60 de um aparelho de radioterapia que, após ter sido armazenada em um depósito por nove meses, foi vendida a um ferro-velho sem que se soubesse do que se tratava (IAEA, 2000b). O acidente de Goiânia em 1987 com uma fonte de césio-137 (IAEA, 1988, 1998), parte de um equipamento obsoleto de radioterapia, foi classificado pela Ines como de nível 5.

7.2 Breve relato dos principais acidentes em reatores nucleares

As consequências de acidentes em reatores nucleares de potência para a geração de energia elétrica ou para a produção de plutônio, diferentemente do que ocorre em qualquer outro tipo de acidente, perduram por dezenas de milhares de anos, com gastos financeiros incalculáveis, e envolvem danos ambientais e à população. Dependendo do nível do acidente, os danos ambientais podem ser praticamente irrecuperáveis e a região que circunda o reator fica inabitável por um tempo ilimitado.

Durante a época da Guerra Fria, foram construídos reatores nucleares com o objetivo de produzir plutônio para a fabricação de bombas atômicas. Esse tipo de reator usa como combustível o urânio-238, encontrado na natureza com concentração de 97%. Quando bombardeado por um nêutron, o urânio-238 transforma-se em urânio-239, que decai rapidamente em neptúnio-239, o qual, por sua vez, decai em plutônio-239 por meio de dois decaimentos β^- consecutivos com meia-vida física de, respectivamente, 23,5 minutos e 2,36 dias:

$$^{238}_{92}U + ^{1}_{0}n \rightarrow ^{239}_{92}U \xrightarrow{\beta^-} ^{293}_{93}Np \xrightarrow{\beta^-} ^{239}_{94}Pu$$

7.2.1 Acidente em Kyshtym, na ex-União Soviética, em setembro de 1957

A central nuclear de Mayak foi o maior complexo nuclear do mundo, com cinco reatores construídos secretamente, às pressas, de 1945 a 1948 a fim de produzir plutônio para ser usado na fabricação de bombas atômicas, sob as ordens de Joseph Vissarionovitch Stalin (1878-1953), então secretário-geral do Partido Comunista, líder da ex-União Soviética, que sucedeu Vladimir Lenin (1870-1924). Esses cinco reatores foram permanentemente desativados entre 1987 e 1991. Também foram construídos ali cinco reatores para a produção de trítio e várias plantas de reprocessamento do combustível nuclear usado, iniciando, dessa forma, o programa nuclear soviético na corrida armamentista da Guerra Fria.

Os reatores foram erigidos às margens do lago Kyzyltash, na cidade de Kyshtym. Toda água contaminada dos reatores foi descarregada de 1948 a 1950 em inúmeros lagos pequenos da região e no rio Techa, fonte da água doméstica de muitos vilarejos. Vários acidentes ocorreram nesses reatores, mas o pior deles, conhecido como **acidente de Kyshtym** (Greenpeace, 2007), aconteceu no dia 29 de setembro de 1957, quando o sistema de resfriamento de um dos tanques de armazenamento de rejeito líquido altamente radioativo falhou. Em consequência, a temperatura subiu muito, causando uma explosão tremendamente forte. A tampa de concreto de 2,5 m de espessura e 160 t foi lançada ao ar, liberando $7{,}4 \times 10^{17}$ Bq de átomos radioativos na atmosfera e contaminando uma área de 15.000 km^2.

Esse acidente só fica atrás dos de Chernobyl e de Fukushima Dai-ichi em gravidade e foi classificado como de nível 6 na escala Ines (IAEA, 2009). Pelo menos 22 vilarejos, com uma população total de dez mil pessoas, foram evacuados sem que se explicasse o motivo, pois as atividades ao redor de Mayak eram mantidas em segredo.

O regime soviético manteve o acidente em sigilo por cerca de 30 anos, admitindo sua ocorrência apenas em 1992. O Ocidente só tomou conhecimento dele em 1976, quando Zhores Medvedev (1925-), um biólogo exilado da ex-União Soviética, publicou em 1976 na revista *New Scientist* esse acidente. Em 1979 ele publicou o livro *Desastre nuclear nos Urais*. Em 1991, quando o último dos cinco reatores foi fechado, a central nuclear deixou contaminada uma área colossal que ficou conhecida como a mais poluída do planeta. Ainda hoje, a região continua sendo uma das mais contaminadas do mundo. Atualmente, existem ali dois reatores para a produção de plutônio e trítio e para o reprocessamento de combustível usado de reatores de países da ex-União Soviética, Bulgária, Hungria e Estados Unidos.

7.2.2 Acidente no reator número 1 de Windscale, no Reino Unido, em outubro de 1957

Os reatores 1 e 2 de **Windscale** (Mann, 2011), hoje chamado de Sellafield, no Reino Unido, entraram em operação em 1950 e 1951, respectivamente, e possuíam fins militares, isto é, para a produção de plutônio a ser usado na construção de bombas atômicas.

A causa do acidente pode ter sido o relaxamento nas medidas de segurança por causa da pressão feita pelo governo para apressar e aumentar a produção de plutônio. O núcleo do reator número 1 se incendiou no dia 10 de outubro de 1957 e queimou durante três dias, liberando na atmosfera uma grande quantidade de material radioativo, principalmente o iodo-131, o césio-137 e o xenônio-133. Não houve evacuação dos cidadãos, mas, por precaução, por já se saber que o leite contaminado com iodo radioativo poderia causar câncer de tireoide, todo o leite produzido nas cercanias do reator, numa área de 500 km^2, foi altamente diluído e despejado no mar durante um mês.

Entre 1958 e 1961, algumas varetas contendo combustível do reator acidentado número 1 foram removidas, mas muitas permanecem lá ainda hoje. O processo de descomissionamento iniciou-se em 1980 e espera-se que seja terminado em 2046. O reator número 2 foi desativado, por precaução, logo após o acidente no reator número 1, tendo sido removido dele todo o combustível nuclear, e seu descomissionamento deve terminar em 2060.

7.2.3 Acidente no reator número 2 de Three Mile Island, nos Estados Unidos, em março de 1979

No dia 28 de março de 1979, o reator nuclear número 2 de **Three Mile Island**, localizado em uma ilha do rio Susquehanna, na Pensilvânia (EUA), sofreu fusão de cerca de metade do núcleo devido a uma falha mecânica e elétrica, seguida de falha humana, em uma bomba de água do sistema de resfriamento. Cerca de $4{,}8 \times 10^{17}$ Bq de gases nobres radioativos e $7{,}4 \times 10^{11}$ Bq de iodo-131 vazaram para a atmosfera. Esse reator era um dos dois dessa central nuclear, que havia entrado em operação comercial somente três meses antes (Fig. 7.2). Quase 15 horas após o início do acidente, nem o governo sabia exatamente o que estava acontecendo, motivo pelo qual a evacuação foi iniciada somente dois dias depois do acidente, começando com mulheres grávidas e crianças em idade pré-escolar de um raio de cinco milhas ao redor do reator. Em poucos dias, 140 mil pessoas tinham deixado a área voluntariamente (Three..., s.d.).

A retirada do combustível do reator acidentado foi iniciada em outubro de 1985 e terminada em 1990. A limpeza do reator durou de agosto de 1979 a dezembro de 1993 e custou cerca de US$ 1 bilhão. Ela foi auxiliada por dois robôs – o Rover e o CoreSampler – especialmente desenvolvidos para suportar altos níveis de radiação e capacitados a fotografar, enviar imagens de vídeo, retirar amostras e fazer limpezas, entre outras funções (Lovering, 2009). Esses robôs trabalharam durante quatro anos e, por terem ficado muito contaminados, permanecem ainda hoje no local. Está previsto que o descomissionamento desse reator ocorra a partir de 2034, juntamente com o do reator número 1. Este entrou em operação em 1974 e ficou

Fig. 7.2 *À direita está o reator 1 de Three Mile Island, e à esquerda, a unidade 2, acidentada*

Fonte: *Marque1313 (https://goo.gl/8Sn1uC).*

paralisado de 1980 até 1985, quando foi novamente religado, e sua licença de operação foi prolongada até 2034.

7.2.4 Acidente no reator número 4 de Chernobyl, na Ucrânia, em abril de 1986

A central nuclear de **Chernobyl** constava de quatro unidades e localizava-se nas proximidades da cidade de Pripyat, na Ucrânia, na época sob jurisdição da União Soviética. A construção dos quatro reatores, de 1 a 4, tinha terminado, respectivamente, em 1977, 1978, 1981 e 1983. Além desses, decidiu-se adicionar mais duas unidades a essa central: o reator número 5, que em 1986 estava 70% construído, e o número 6, que entraria em operação em 1994. No entanto, esses dois projetos foram definitivamente abandonados em maio de 1989. O reator número 4, com 1.000 MW de potência, sofreu o acidente em 26 de abril de 1986, após ter gerado eletricidade comercialmente por apenas 25 meses. A Fig. 7.3 mostra o estado em que ficou o prédio do reator após a explosão. Depois desse evento, as unidades 1, 2 e 3 foram desativadas permanentemente em 1996, em 1991, por causa de incêndio, e em 2000, respectivamente, tendo operado por 18, 12 e 19 anos.

À 1h24 da madrugada de 26 de abril de 1986, durante um teste programado, uma sucessão de erros, incluindo erro humano, resultou em explosão do reator número 4. Essa explosão ejetou uma quantidade imensa de átomos radioativos na atmosfera, que, levados pelo vento, contaminaram grande parte do território soviético e europeu. O fogo dentro do reator continuou a queimar até 10 de maio. Cerca de 400 vezes mais material radioativo foi liberado nesse acidente do que pela explosão da bomba atômica lançada em Hiroshima, em 6 de agosto de 1945. Poucos minutos depois da explosão, 14 bombeiros chegaram para combater o fogo, e, várias horas após, mais 186, com 81 carros de bombeiros. De 27 de abril a 1º de maio, 1.800 helicópteros combateram o fogo jogando areia, argila, dolomita e chumbo sobre o reator acidentado. O peso de tudo isso abalou as estruturas do prédio do reator, que ficou em perigo de ruir, e foi necessário reforçar as bases às pressas, enfrentando altíssima contaminação radioativa.

A moderna cidade de **Pripyat** a 3 km ao norte da central nuclear de Chernobyl, construída especialmente para as famílias dos funcionários dessas usinas nucleares, contava com 49.360 habitantes por ocasião do acidente. A primeira evacuação, de uma zona a 10 km do reator, para a

Fig. 7.3 *Reator número 4 de Chernobyl após a explosão no dia 26 de abril de 1986*
Fonte: *IAEA Imagebank (CC BY-SA 2.0, https://flic.kr/p/9y1Fzm).*

cidade de Poliske, situada a 50 km, abrangeu toda a população de Pripyat e começou às 14h do dia 27 de abril, com 1.100 ônibus. Foi recomendado a essas pessoas que levassem seus documentos, poucos objetos pessoais e uma pequena quantidade de comida, apagassem todas as lâmpadas, desligassem equipamentos elétricos e fechassem todas as torneiras e janelas. Foi-lhes dito que provavelmente retornariam em três dias, o que nunca aconteceu. A segunda evacuação, de 30 km em volta do reator acidentado, incluindo a cidade de Chernobyl, foi completada entre 3 e 4 de maio e constou de 90 mil pessoas.

No exterior, o acidente foi primeiro detectado às 9h do dia 28 de abril pelo Laboratório de Pesquisas Energéticas de Studsvik, 75 km ao sul de Estocolmo, na Suécia, quando o nível de radiação medido nas imediações do reator local, o Forsmark, estava acima do normal. Às 20h desse dia, a União Soviética admitiu o ocorrido por meio da Rádio Moscou. Na manhã do dia 29 de abril, circularam no noticiário internacional fotos do reator acidentado ainda queimando, tiradas pelo satélite americano de reconhecimento. Entretanto, a primeira reportagem completa sobre o acidente saiu somente em 6 de maio, no *Pravda*, data em que as escolas em Gomel e Kiev foram fechadas, e as crianças, levadas para outras localidades, totalizando cerca de 500 mil pessoas a deixarem suas residências. A rádio em Kiev alertava a população para não comer verduras, morangos silvestres e cogumelos e para permanecer dentro de casa o maior tempo possível.

Oito semanas após a explosão começou a retirada de entulho feita por robôs, mas eles pararam de funcionar em dois dias devido ao alto nível de radiação, que danificou seus circuitos eletrônicos. Teve-se então que optar pelo emprego de seres humanos, os chamados *likvidátoris* ("liquidadores", em português), nessa empreitada, que poderiam permanecer no máximo dois minutos no teto do reator, para retirar com pás os pedaços de grafite altamente radioativos que estavam espalhados no local. Cerca de 3.500 **liquidadores** foram recrutados ou forçados a trabalhar nessa atividade, mal paramentados com folhas finas de chumbo para proteger a cabeça e sem que lhes fossem explicados os perigos. Eles foram expostos a uma radiação com nível 40 mil vezes acima da ambiental. Há indicações de que um milhão de liquidadores foram empregados na operação de limpeza geral, sendo 650 mil no primeiro ano; 85% tinham de 25 a 45 anos de idade, e a idade média era de 34,3 anos. Segundo uma estatística levantada por médicos da Bielorrússia, a taxa de câncer entre os liquidadores era quatro vezes maior do que a do resto da população.

No livro ***Bonecos de neve e Chernobyl*** (Tokuriki, 1996), que apresenta composições/depoimentos escritos por crianças e adolescentes da República da Bielorússia, há uma que conta que os jogos da Copa do Mundo aliviavam um pouco o cansaço do dia a dia de um liquidador. Por sua vez, outro relato conta que a função de um senhor era empurrar cavalos vivos seriamente contaminados para um buraco enorme, tendo visto cavalos chorando, com lágrimas escorrendo de seus olhos.

Um **sarcófago** de concreto foi construído às pressas, em 206 dias, de maio a novembro de 1986, em condições extremamente adversas, para enclausurar o reator e durar de 20 a 30 anos, tendo sido empregados 90 mil liquidadores. Em 2006, observaram-se rachaduras e trincas nas paredes do sarcófago, e, em 12 de fevereiro de 2013, parte do teto do reator fora do sarcófago desabou com o peso da neve. Um novo projeto constando de dois enormes semiarcos que seriam juntados para enclausurar o sarcófago começou a ser desenvolvido em 2010, com duração prevista de pelo menos cem anos, e foi terminado em 20 de novembro de 2016. Como, ao redor do sarcófago e principalmente em seu teto, a intensidade da radiação continua alta, o novo arco foi construído fora dele com seguimentos pré-fabricados. Também por causa dos níveis altos de radiação, os operários que trabalharam na construção do novo sistema foram permitidos a permanecer no local no máximo por 2 a 3 horas de cada vez e até 15 dias por mês, seguidos de 15 dias de descanso. Estima-se que essa área será segura para a vida humana somente daqui a 20 mil anos.

Atualmente, a cidade de Pripyat está completamente abandonada, como se pode ver na Fig. 7.4, desolada, com prédios vazios sem vida e mato crescendo ao seu redor como se fosse o único dono do local.

A Fig. 7.5 mostra o sarcófago do reator número 4 de Chernobyl completamente recoberto com o arco novo, que foi deslizado sobre ele através de trilhos de *teflon* em fins de novembro de 2016. O vídeo *The story: Chernobyl new safe confinement*, sobre a construção dessa nova estrutura, pode ser visto em <http://chernobylgallery.com/chernobyl-disaster/new-safe-confinement/>.

Fig. 7.4 *Vista panorâmica da cidade de Pripyat, abandonada, em maio de 2009, 23 anos depois do acidente, com o mato tomando conta*

Fonte: *Matti Paavonen (CC BY-SA 3.0, https://goo.gl/snyjvZ).*

Fig. 7.5 *Nova cobertura sobre o sarcófago do reator número 4 de Chernobyl, cuja colocação terminou em 30 de novembro de 2016*

Fonte: *Tim Porter (CC BY-SA 4.0, https://goo.gl/QZNbE4).*

7.2.5 Acidente nos reatores de Fukushima Dai-ichi, no Japão, em março de 2011

A central nuclear de **Fukushima Dai-ichi**, localizada 230 km a nordeste de Tóquio, era uma das 15 maiores do mundo e consistia de seis reatores de água em ebulição (Fig. 7.6). Esses reatores eram razoavelmente antigos, tendo entrado em operação comercial em 1971, 1974, 1976, 1978, 1978 e 1979; os quatro primeiros foram desativados permanentemente em 2011, após o acidente, e os dois últimos em 2013.

Tudo começou com um **terremoto** de magnitude 9 no dia 11 de março de 2011, às 14h46, seguido de maremoto e ***tsunami***, o qual avançou continente adentro carregando tudo o que encontrou à sua frente, matando cerca de 19 mil pessoas e destruindo um milhão de construções. Os reatores nucleares 1, 2 e 3 foram automaticamente desligados. Os reatores 4, 5 e 6 estavam desligados para manutenção rotineira. O *tsunami*, de 13 m a 15 m de altura, ultrapassou os paredões de 5,7 m de altura que protegiam os reatores contra maremotos e, às 15h35, atingiu os reatores, inundando-os, o que desativou os sistemas de resfriamento e danificou os geradores a diesel de emergência. As várias tentativas de resfriamento, inclusive com carros de bombeiro, não deram certo, provavelmente por sérias avarias já instaladas, e o aquecimento continuou, resultando em explosão no prédio dos reatores 1, 3 e 4, respectivamente, nos dias 12 de março, às 15h36, 14 de março, às 11h01, e 15 de março, às 6h00. A foto dos reatores de 1 a 4 acidentados pode ser vista na Fig. 7.7. Ocorreu derretimento do núcleo dos

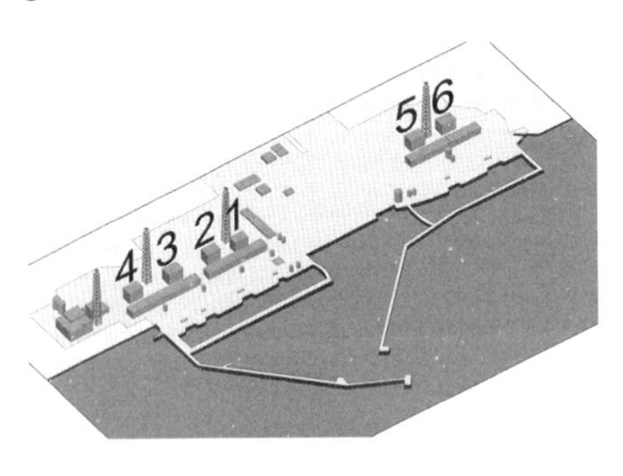

Fig. 7.6 *Disposição dos seis reatores de Fukushima Dai-ichi*

Fonte: *Modificado de Shigeru23 (CC BY-SA 3.0, https://goo.gl/MMJ6Xi).*

Fig. 7.7 *Foto dos reatores de Fukushima Dai-ichi acidentados. Da direita para a esquerda, vista dos reatores 1 e 2 aparentemente sem dano, apesar de se ver uma fumaça saindo, e reatores 3 e 4 completamente danificados*

Fonte: *Digital Globe (CC BY-SA 3.0, https://goo.gl/7Avr8z).*

reatores 1, 2 e 3 e o material fundido caiu no fundo do vaso de pressão. Na piscina dos reatores 1, 2 e 3 havia, respectivamente, 392, 615 e 566 elementos combustíveis já usados. No caso do reator 4, não havia combustível dentro do vaso de pressão, pois os 1.331 elementos combustíveis queimados mais os 202 novos estavam na piscina dentro do prédio do reator.

A tentativa de resfriar os reatores continuou de várias formas, inclusive com helicópteros jogando água nos reatores 3 e 4. No dia 18 de março de 2011, chegaram de Tóquio 139 bombeiros em 30 carros de bombeiro, e, no dia seguinte, mais um grupo de cem bombeiros de Tóquio e 53 de Osaka para substituir os anteriores. Eles lançaram água a uma altura de 22 m na piscina de combustível usado do reator 3. A partir do dia 21 de março, foi observada fumaça escura saindo dos prédios dos reatores 2 e 3 durante aproximadamente dois a três dias seguidos. Nesse ínterim, a água do mar, que havia sido evitada por causar dano, começou a ser usada para auxiliar no resfriamento dos reatores 1, 2 e 3. A água do mar provocou acúmulo de 26 t de sal marinho no reator 1 e de cerca de 40 t nos reatores 2 e 3. A água radioativa foi sendo acumulada no porão dos prédios dos reatores e também nos prédios das turbinas 1 e 2.

Em 2 de abril, notou-se pela primeira vez que a água contaminada do reator 2 estava fluindo para o mar. No dia 18 de abril, um robô controlado remotamente entrou no reator 1, enquanto outro entrou no reator 3, e ambos fizeram medidas de temperatura, pressão e radioatividade. Os robôs abriram portas, exploraram o interior dos reatores e leram a taxa de dose efetiva máxima: 2.000 mSv/h e 57 mSv/h dentro dos reatores 1 e 3, respectivamente. No mesmo dia, quatro trabalhadores entraram no prédio do reator 2, e, no dia 5 de maio, no prédio do reator 1. Em 15 de junho, a Tokyo Electric Power Company (Tepco), operadora da usina de Fukushima Dai-ichi, começou a tratar a água contaminada por meio de filtragem de radionuclídeos e a usá-la para resfriar os reatores. Em 1º de novembro de 2011, ela anunciou que tinha terminado a construção da cobertura do reator 1.

Em agosto de 2013, a nova cobertura do reator 3 estava em construção. O reator 4, por sua vez, já estava com uma estrutura nova, rígida, que seria usada para a retirada dos elementos combustíveis. Nas proximidades dos reatores havia cerca de mil tanques enormes, de 10 m de altura cada, contendo 300.000 t de água contaminada usada para o resfriamento dos reatores.

A Tepco iniciou a retirada dos elementos combustíveis queimados do reator 4 a fim de armazená-los em outra piscina mais segura em novembro de 2013 e terminou a tarefa em 22 de dezembro de 2014. Para tal, construiu-se uma enorme estrutura externa sobre o prédio do reator 4 explodido para colocar um imenso guindaste. A retirada dos elementos combustíveis e sua colocação em dispositivos parecidos com *dry casks* de mais de 4 m de comprimento foram feitas dentro da água da piscina, com guindastes manualmente manipulados, o que dá uma ideia da sofisticação e da complexidade da operação. Os combustíveis não usados foram levados para a piscina do reator número 6. Entretanto, a remoção dos elementos combustíveis dos reatores 1 e 2 não deve iniciar antes de 2023, e do reator 3, em 2018, por terem se fundido, respectivamente, entre 55% e 70% e entre 35% e 30%. Espera-se conseguir o descomissionamento dos reatores por volta de 2052.

Em fevereiro de 2015, a Tepco iniciou um processo de escaneamento chamado de *muon scanning* nas unidades 1, 2 e 3 para determinar a quantidade aproximada e a localização do combustível nuclear remanescente no vaso de pressão. Em março do mesmo ano, ela informou que nenhum combustível tinha sido visto no vaso de pressão do reator 1, sugerindo que todo ou quase todo o combustível havia fundido e caído no fundo do vaso. Em 21 de julho de 2017, um robô construído pela Toshiba, chamado de Little Sunfish, foi enviado para o interior do reator 3, tendo mostrado imagens que poderiam ser do combustível fundido no piso (Gibbens, 2017).

Em janeiro de 2015, a Tepco comunicou ter completado 770 m dos 780 m de muro impermeável entre as plantas dos quatro reatores e o mar para evitar a descida da água contaminada subterrânea para o mar. Segundo informações dadas por essa companhia em agosto de 2017, esse muro, construído entre 2014 e 2016, é composto de 1.568 tubos de aço com um líquido congelante que atinge –63 °C.

A primeira evacuação, de 2 km no entorno da usina, ocorreu no dia 11 de abril de 2011, às 20h50, e estendeu-se logo a seguir, às 21h23, para 3 km. No dia seguinte, às 5h44, a recomendação para evacuar foi estendida para 10 km, e mais tarde, às 18h25, para 20 km, tendo sido transferido um total de 160 mil pessoas.

Entre 21 de março e meados de julho de 2011, cerca de $2{,}7 \times 10^{16}$ Bq de césio-137 vazaram para o oceano. No dia 24 de março do mesmo ano, foi detectado iodo-131 acima do limite para crianças na água das plantas do sistema de purificação de água em Tóquio e em outras cinco prefeituras.

Em 25 de agosto de 2015, o reator Sendai 1 voltou a ser ligado, apesar de muitos protestos da população, e, em 15 de outubro do mesmo ano, ocorreu o mesmo com o reator Sendai 2. O Ikata 3 foi religado em agosto de 2016 e os reatores Takahama 3 e 4 voltaram à operação comercial em julho de 2017.

Em 25 de outubro de 2017, segundo o jornal japonês *The Mainichi* (Interim..., 2017), os solos e lixos radioativos removidos de locais contaminados nos arredores dos reatores chegaram a somar 22 milhões de metros cúbicos.

O processo de descomissionamento dos seis reatores de Fukushima Dai-ichi, descrito com razoável detalhamento, mostra os problemas infindáveis resultantes de um acidente desse tipo e que não terminarão tão cedo. Isso vem confirmar que a energia gerada por reatores nucleares é cara, perigosa e, por isso, não viável no Brasil, rico em outras fontes alternativas de energia.

ACIDENTE DE GOIÂNIA

8

Fazia cerca de 17 meses que o mundo tinha tomado conhecimento do pior acidente do planeta em um reator nuclear, o de Chernobyl, quando ocorreu o acidente de Goiânia. Esse evento foi um dos piores **acidentes radiológicos** do mundo, tendo sido classificado como de nível 5 na escala Ines (Batista et al., 2007), a ponto de alguns médicos especialistas em transplante de medula óssea que tinham ido a Chernobyl também virem a Goiânia para ajudar os acidentados com o césio-137. Entretanto, essa técnica acabou não sendo adotada no Brasil, pois vários indivíduos de Chernobyl com grave contaminação interna e externa por radionuclídeos tinham falecido, mesmo depois do transplante de medula óssea.

8.1 HISTÓRICO DO ACIDENTE

Tudo começou em um domingo de 13 de setembro de 1987, quando dois catadores de papel, Roberto S. A. (22 anos) e Wagner M. P. (19 anos), levaram para o quintal da casa de Roberto, na Rua 57, no centro da cidade de Goiânia, boa parte de um equipamento de radioterapia com fonte de césio-137 obsoleto e abandonado que haviam encontrado em um prédio em ruínas, com o intuito de vendê-lo como sucata. O referido prédio era o antigo Instituto Goiano de Radioterapia em abandono, sem porta e sem janela, como mostra a Fig. 8.1.

Antes de vender o equipamento, os dois o desmantelaram a marretadas na tentativa de separar partes de chumbo, atingindo assim a fonte radioativa e violando-a.

Fig. 8.1 *Instituto Goiano de Radioterapia em ruínas*
Fonte: *Facure (2001).*

Nesse mesmo dia, eles já foram acometidos de um imenso mal-estar, cansaço, diarreia e vômitos, que atribuíram à infecção alimentar. Em 15 de setembro, Wagner procurou assistência médica, pois continuava mal, além de enormes bolhas terem começado a surgir em suas mãos e braços. Em 19 de setembro, venderam parte da blindagem de chumbo que ainda continha a fonte de césio-137 a Devair Alves Ferreira, na ocasião com 36 anos, que era dono de um ferro-velho situado na Rua 26A, hoje Francisco da Costa Cunha (Fig. 8.2), pelo equivalente a US$ 25.

De noite, no escuro, Devair notou uma luz azul misteriosa emitida pela fonte de césio-137. Chamou familiares e amigos para ver a estranha e misteriosa luz azul e distribuiu entre eles pequenos pedaços da fonte de césio-137 do tamanho de grãos de arroz. Esse fato aconteceu entre os dias 19 e 28 de setembro, e dentro desse período parte da sucata contaminada foi vendida a Ivo Alves Ferreira, irmão de Devair e dono do ferro-velho II, situado na Rua 6, quadra Q, lote 18. Entretanto, a outra parte continuou com Devair, que a levou para a sala de sua casa para ver de noite a luz azul no escuro.

No sábado do dia 26 de setembro, Devair, que não costumava almoçar, pois era inveterado bebedor de cerveja, conforme seu depoimento, passou

Fig. 8.2 *Foto tirada pela autora em 2013 do terreno onde se localizava o ferro-velho I, de Devair Alves Ferreira, na Rua 26A, hoje Rua Francisco da Costa Cunha*

muito mal com vômito e diarreia após comer feijoada e tomar refrigerante. Ele não imaginou que isso era consequência do contato com o césio-137, tendo concluído que a comida ou a bebida deviam estar estragadas. Sua esposa, Maria Gabriela Ferreira, de 38 anos, começou a suspeitar que a causa do mal-estar que não só ela, mas todos os seus familiares vinham sentindo poderia ser aquela peça, pois o início dos problemas coincidia com a data em que seu marido a havia adquirido. Foi então que, em 28 de setembro, com a ajuda de Geraldo Guilherme dos Santos, empregado de Devair, Maria Gabriela colocou a peça dentro de um saco e a levou de ônibus à Vigilância Sanitária, na Rua 16A, dizendo: "doutor, isto está matando meu povo". Esse saco foi deixado sobre uma mesa na sala da Divisão de Alimentos até o dia seguinte, quando foi levado para o pátio e lá deixado sobre uma cadeira (ver Fig. 8.3). Nessa ocasião, trabalhavam na Vigilância Sanitária 81 pessoas (Batista et al., 2007), muitas das quais foram ver a peça por curiosidade e acabaram sendo irradiadas e contaminadas, pois a "viram" não só com os olhos, mas também com as mãos.

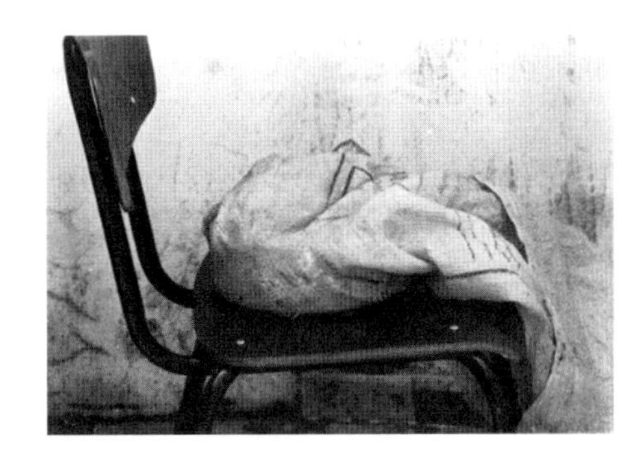

Fig. 8.3 *Saco contendo parte da fonte de césio-137 no pátio da Vigilância Sanitária em Goiânia*

Fonte: *<greenpeace.org>.*

O médico que atendeu Maria Gabriela e Geraldo ficou

mais preocupado com o estado de saúde dos dois do que com a peça que eles haviam trazido e os encaminhou para o Centro de Informações Toxicológicas, que na ocasião funcionava no Hospital de Doenças Tropicais. Ele começou a cogitar se as queimaduras com bolhas que apresentavam na pele poderiam ter sido causadas por radiação. Para confirmar a suspeita, solicitou a presença de um físico. Em 29 de setembro, os físicos Walter Mendes Ferreira, da Secretaria da Saúde, e Sebastião Maia, do escritório local da Nuclebrás, confirmaram que o saco trazido por Maria Gabriela e Geraldo continha material altamente radioativo. Foi o início de um alerta geral, com a vinda do Rio de Janeiro, à 0h30 de 30 de setembro, de José de Júlio Rozental, diretor do Departamento de Instalações Nucleares da Comissão Nacional de Energia Nuclear (CNEN), o qual acionou um plano de emergência. Ele havia recebido um telefonema de Goiânia às 15h do dia anterior. Em 1° de outubro, o *Jornal do Brasil* publicou uma matéria sobre o assunto com a foto de Wagner M. P. mostrando os braços e as mãos com bolhas de queimadura.

8.2 A fonte radioativa de césio-137

O equipamento de radioterapia era do modelo Cesapan F-3000, com uma fonte radioativa de césio-137 em forma de cloreto de césio, altamente solúvel. A atividade da fonte de césio-137 na época da violação era de 1.375 Ci, ou $5,09 \times 10^{13}$ Bq no SI, sendo de 19,26 g a massa do cloreto de césio, que, misturado a um aglutinante para empastilhá-lo, totalizava 91,9 g. Tinha o formato de um pequeno cilindro metálico de 3,6 cm de diâmetro por 3,0 cm de altura. Como a meia-vida do césio-137 é de 30 anos, a atividade do rejeito coletado e colocado no depósito definitivo decaiu para a metade em 2017.

8.3 Rejeitos gerados

Quando Rozental chegou à Vigilância Sanitária, no dia 1° de outubro de 1987, encontrou o saco contendo parte da fonte de césio-137 deixado sobre uma cadeira (Fig. 8.3). A taxa de dose a 1 m era tal que, se uma pessoa permanecesse dez horas ali, receberia uma dose fatal. A primeira providência tomada por Rozental (comunicação particular) foi colocar essa fonte dentro de um recipiente com concreto (Fig. 8.4). Esse é o rejeito mais radioativo entre todos os coletados que estão hoje no depósito permanente de Abadia de Goiás.

No processo de *descontaminação*, foram demolidas sete casas, várias construções, barracões, bem como removidas as camadas dos solos de três terrenos altamente contaminados, que foram transformados em rejeitos, totalizando um volume de 3.500 m^3. A Fig. 8.5 mostra a demolição da casa de Roberto S. A., na Rua 57, no quintal da qual a fonte de césio-137 foi violada. A Fig. 8.6 exibe o mesmo terreno em julho de 2013.

Fig. 8.4 *Parte da fonte de césio-137 sendo concretada*
Fonte: *<http://www.cesio137goiania.go.gov.br/index.php?idEditoria=3847>.*

Inicialmente, todo o rejeito foi armazenado temporariamente em Abadia de Goiás, onde foram construídas seis plataformas, cada uma com 60 × 18 m^2, sobre as quais foram colocados 4.223 tambores de 200 L, 1.347 caixas metálicas de 1,7 m^3, dez contêineres marítimos de 32 m^3 e seis embalagens especiais de concreto armado com 20 cm de espessura de parede. Em maio de 1997, foi concluída a construção do depósito permanente em Abadia de Goiás, previsto para durar 300 anos, localizado praticamente ao lado do depósito temporário. Ele fica dentro do Parque Estadual Telma Ortegal, onde também

Fig. 8.5 *Demolição da casa de Roberto S. A., na Rua 57*
Fonte: *IAEA (1988).*

Fig. 8.6 *Foto tirada pela autora em julho de 2013 do terreno da casa de Roberto S. A., na Rua 57*

foi construído o prédio do Centro Regional de Ciências Nucleares do Centro-Oeste, unidade da CNEN em Goiás. O depósito consta de duas unidades: uma delas, a de grande porte, abriga de forma definitiva 40% de todo o rejeito com nível baixo de radioatividade, e a outra, com os 60% restantes dos rejeitos, inclui a parte da fonte propriamente dita. Cada depósito ocupa uma área de aproximadamente 3.000 m^2 e possui um pé-direito de 8 m a 9 m, formando uma espécie de morro coberto de grama, como mostrado na Fig. 2.1.

8.4 Goiânia, ferro-velho II, 12 anos após o acidente

Em 1999, juntamente com pesquisadores da Universidade Federal Fluminense (Facure et al., 2001, 2002), descobrimos que o terreno do ferro-velho II não havia sido concretado e que ali continuava sendo o local de armazenamento provisório de material reciclável, como mostra a Fig. 8.7. Ninguém da CNEN que consultamos soube nos informar por que aquele terreno não havia sido concretado. Além disso, nesse terreno haviam construído uma casa e barracões e plantado abacateiro e goiabeiras, e no meio do terreno estava um contêiner da Copel que, quando cheio, é trocado por um vazio. O solo havia sido revolvido e a terra contaminada havia aflorado. O senhor Gumercindo Marçal Marcelino, que tinha 76 anos e era morador dessa casa, saía todas as manhãs pelas ruas de Goiânia para coletar material reciclável. As várias medidas que realizamos mostraram que o nível de contaminação pelo césio-137 em alguns locais do terreno estava

Fig. 8.7 *Terreno do ferro-velho II em 1999, com chão de terra batida, cheio de entulho e com um contêiner preenchido com vários caixotes de papelão*

Fonte: *Facure (2001).*

até oito vezes acima do nível de ação proposto pela CNEN. Em fevereiro de 2000, informamos a CNEN sobre o estado desse terreno e recomendamos a necessidade de sua concretagem, o que foi realizado somente em agosto de 2001.

A Fig. 8.8 exibe uma foto do terreno do ferro-velho II tirada em 2013, mais organizado, com o chão concretado, e ainda com o contêiner da Copel, onde encontrei o senhor Gumercindo mais idoso, não mais saindo para coletar material reciclável.

A Fig. 8.9 mostra a foto que tiramos com o senhor Gumercindo e seu filho, quando os visitei em 2013.

8.5 Vítimas do acidente de Goiânia

Inúmeras são as vítimas do acidente radiológico de Goiânia, que matou quatro pessoas em um intervalo de um mês a partir da violação da fonte de césio-137.

No dia 23 de outubro de 1987, morreram no Hospital Naval Marcílio Dias (HNMD), no Rio de Janeiro, para onde haviam sido levadas de Goiânia, Leide das Neves, de 6 anos, filha de Ivo Ferreira das Neves, que ficara encantada com o pó mágico que emitia uma luz misteriosa e o pegara com a mão enquanto comia pão com ovo, e sua tia, Maria Gabriela, esposa de Devair, dono do ferro-velho I. As necrópsias mostraram hemorragia interna difusa em vários órgãos de ambas, sendo os pulmões e o coração os mais afetados. Elas tiveram que ser sepultadas em caixões revestidos com chumbo, pesando cerca de 700 kg cada um, trazidas do Rio de Janeiro em um avião do Exército

Fig. 8.8 *Foto tirada pela autora em 2013 do terreno do ferro-velho II, com um contêiner da Copel*

Fig. 8.9 *Foto com a autora, Sr. Gumercindo e seu filho em frente à casa deles no antigo ferro-velho II, tirada em 2013*

sob forte esquema de segurança, e enterradas no Cemitério Parque, em Goiânia, em túmulos de concreto.

Em 27 e 28 de outubro de 1987, morreram a terceira e a quarta vítimas no HNMD, respectivamente Israel B. (22 anos) e Admilson A. de S. (18 anos), empregados de Devair, ambos de hemorragia generalizada de órgãos internos.

8.6 Outras vítimas

Roberto S. A. teve seu antebraço direito amputado no dia 14 de outubro de 1987. Devair Alves Ferreira mostrava uma vasta cabeleira quando foi levado de Goiânia para o HNMD, mas, dias depois, estava completamente careca e com pele escura. Ele foi a pessoa que recebeu a maior dose de radiação, mas só morreu sete anos depois de ter sido contaminado com césio-137, em 12 de maio de 1994, de insuficiência hepática, aos 43 anos. Seu irmão Ivo, pai da menina Leide das Neves, morreu aos 54 anos, em 2003.

O presidente da Associação das Vítimas do césio-137 (AVCésio), Odesson Alves Ferreira, irmão de Devair e de Ivo Alves Ferreira, também teve contato com o césio; era motorista de ônibus urbano na época do acidente e transportava cerca de mil pessoas por dia. Ele perdeu parte do dedo indicador da mão direita que usou para esfregar um pequenino grão de césio-137 na palma da mão esquerda. O dedo indicador da mão esquerda ficou atrofiado, e uma espécie de bola saliente se formou na palma dessa mão, resultado de um enxerto onde havia se formado uma úlcera incurável. Ele teve que se aposentar aos 32 anos. Segundo Odesson, até setembro de 2012, 25 anos após o acidente, mais de seis mil pessoas haviam sido atingidas pela radiação, e pelo menos 60 haviam morrido em decorrência do acidente.

Até 2007, dos 81 funcionários (Batista et al., 2007) que trabalhavam na Vigilância Sanitária quando parte da fonte de césio-137 foi levada para lá, dez haviam falecido ao longo dos anos, sendo seis com diagnóstico de câncer de garganta, rins, pulmão, cérebro, esôfago e mama, um em acidente de trânsito, dois com "problemas de fígado" e um com trombose.

De acordo com Zacharias Calil, superintendente da Superintendência Leide das Neves Ferreira (Suleide):

> o monitoramento dos pacientes não constatou relações causais entre a incidência de cânceres em Goiânia e o acidente radiológico ocorrido em 1987. "Cientificamente não foi comprovado o aumento de câncer. Filhos e netos

> dos radioacidentados não têm nenhuma sequela desse tipo." Segundo ele, apesar de as taxas de câncer entre os acometidos não serem maiores do que as taxas expressas no restante da população, há outras doenças decorrentes do acidente radiológico. "Como médico, passei a ver a luta desses pacientes no dia a dia, sobretudo no que se refere à aquisição de medicamentos. Pude comprovar, clinicamente, que determinadas doenças apareceram mais cedo. Um exemplo é a hipertensão arterial, a osteoporose e a hipertrofia de próstata. Uma doença que poderia acometer por volta de 50 ou 60 anos foi antecipada aos 30 ou 35." [...] De acordo com ele, doenças ligadas ao psicológico dos pacientes também são exacerbadas. "Depressão, tabagismo e alcoolismo. As vítimas apresentam um processo depressivo acentuado e necessitam de um acompanhamento psiquiátrico." (Borges, 2010).

8.7 Superintendência Leide das Neves Ferreira

Em dezembro de 1987, o Governo de Goiás criou a Fundação Leide das Neves Ferreira (Funleide) para prestar assistência médica e social às vítimas direta e indiretamente atingidas pelo acidente de Goiânia durante o tempo que se fizesse necessário, realizar estudos epidemiológicos e promover programas de vigilância ecológica, entre outros. Em 1999, a Funleide foi extinta e em seu lugar foi criada a Suleide. Posteriormente, em 2011, a Suleide foi desmembrada em duas unidades: o Centro de Assistência ao Radioacidentado (Cara) e o Centro de Excelência em Ensino, Pesquisa e Projetos Leide das Neves Ferreira (Ceepp-LNF), unidade de assistência da Secretaria Estadual da Saúde de Goiás que monitora a saúde das vítimas e coleciona dados epidemiológicos. Seu site na internet é <http://www.cesio137goiania.go.gov.br/>.

É difícil imaginar que uma pastilha tão pequena possa ter causado um acidente além de duradouro, devastador, com várias pessoas mutiladas e mortas. Imagine-se, então, uma explosão em um reator nuclear, liberando radionuclídeos no ambiente.

9 Efeitos biológicos das radiações

Por que a radiação ionizante, que é invisível, inaudível, inodora e insípida, pode até matar pessoas? Ela pode ser considerada o verdadeiro fantasma da Era Moderna. Sua ação é microscópica e age como se fosse um projétil que visa à molécula, considerada a molécula da vida, de ácido desoxirribonucleico do núcleo das células, com a sigla DNA em inglês, embora nem sempre a atinja. Pode ser que atinja e cause danos, levando a célula à morte, dependendo do grau desse dano. No entanto, e se a célula danificada não morrer e continuar se replicando?

No caso de doses altas, a síndrome aguda da radiação surge após algumas horas, dias ou semanas, dependendo do nível e da taxa de dose, ao passo que, no caso de doses baixas, os efeitos podem aparecer anos depois. E, justamente por não se dispor de sensores de radiação ionizante, não é possível perceber se uma pessoa foi ou está sendo irradiada, e muito menos por quanto de dose. Todos já constataram isso, pois ninguém sente absolutamente nada ao tirar uma radiografia de qualquer parte do corpo.

Os **efeitos biológicos** das radiações ionizantes podem ser classificados quanto a seu mecanismo (direto ou indireto) e quanto à sua natureza (reações teciduais ou efeitos estocásticos) (Okuno; Yoshimura, 2010). Desde a incidência da radiação até o aparecimento de danos, segue-se uma sequência de eventos chamada de estágios da ação.

9.1 Os estágios da ação

A interação da radiação com qualquer átomo ou molécula do corpo exposto, como o DNA ou mesmo a molécula da água, segue uma sequência de quatro eventos:

- no *estágio físico*, que dura cerca de 10^{-15} s, ocorre a ionização dos átomos que constituem a molécula, que é o início do dano biológico. A ionização de um átomo de uma molécula importante, como a de DNA, pode chegar a causar o desequilíbrio eletrostático da molécula;
- no *estágio físico-químico*, com duração de 10^{-6} s, acontece a quebra das moléculas, após a ionização de um de seus átomos e a consequente formação de radicais livres;
- no *estágio químico*, que dura poucos segundos, os fragmentos das moléculas se ligam a outras moléculas importantes, como as de proteína ou enzima;
- no *estágio biológico*, que dura dias, semanas ou anos, podem surgir efeitos bioquímicos ou fisiológicos, os quais produzem alterações morfológicas e/ou funcionais dos órgãos.

9.2 Mecanismo direto e indireto

Os principais tipos de mecanismo pelos quais a radiação pode lesar uma molécula são o direto e o indireto:

- no **mecanismo direto**, a radiação age diretamente sobre uma molécula importante, tal como a de DNA, principal constituinte dos cromossomos do núcleo das células, danificando o material genético;
- no **mecanismo indireto**, as moléculas da água, que constituem cerca de 65% em massa do corpo humano, sofrem radiólise, isto é, são quebradas. Alguns de seus subprodutos são radicais livres, que são extremamente reativos e atacam outras moléculas importantes do corpo.

9.3 A molécula de DNA

A proposta do modelo da **molécula de DNA** foi apresentada na revista *Nature* em 25 de abril de 1953, em um artigo minúsculo de uma página e menos de mil palavras de autoria de **Francis Harry Compton**

Crick (1916-2004) e **James Dewey Watson** (1928-), com o título "Molecular structure of nucleic acids: a structure for deoxyribose nucleic acid". Muitos aspectos da molécula de DNA já eram conhecidos através de trabalhos de pesquisa de inúmeros cientistas, mas o ápice ocorreu quando Watson viu a foto de difração de raios X de DNA feita por **Rosalind Franklin** (1920-1958) e mostrada a ele por **Maurice Wilkins** (1916-2004) sem o conhecimento da autora. O artigo começa modestamente: "Gostaríamos de sugerir uma estrutura para o sal do ácido desoxirribonucleico. Essa estrutura possui características inéditas que despertam um interesse biológico considerável".

Tanto Watson quanto Crick revelaram ter recebido influência de **Erwin Schrödinger** (1887-1961), um dos pais da Mecânica Quântica, em seu livro *O que é vida? Os aspectos físicos de uma célula viva,* publicado em 1944 e que ambos tinham lido. Nesse livro, Schrödinger especula sobre a natureza química do gene, até então desconhecida.

A molécula de DNA é portadora de informação genética, que é definida funcionalmente por partes do DNA, e consta de duas hélices antiparalelas, formadas por sequências de grupos de açúcar e fosfato, chamadas de cadeias ou fitas, interconectadas por pares de grupos de **bases nitrogenadas** ligadas por pontes de hidrogênio. As bases nitrogenadas são as purinas [adenina (A) e guanina (G)] e as pirimidinas [timina (T) e citosina (C)], como se pode ver no modelo de DNA da Fig. 9.1.

O modelo estrutural do DNA explica a duplicação dos genes: as duas cadeias se separam e cada uma delas orienta a fabricação da metade complementar, já que a adenina só se liga à timina e a citosina só se liga à guanina. Durante a duplicação, as pontes de hidrogênio se rompem e as duas cadeias se separam.

Há um forte consenso de que o alvo da radiação ionizante é a molécula de DNA para efeitos radiobiológicos. Entre os danos (ver Fig. 9.2), pode-se citar a quebra de pontes de hidrogênio, a mudança ou a perda de uma base, a quebra de uma das fitas ou de duas fitas e, em consequência, a formação de uma ligação cruzada. Há indicações de que a quebra das pontes de hidrogênio pode ser reconstituída em questão de dezenas de minutos por enzimas específicas. Entretanto, se um número muito grande de danos ocorrer simultaneamente, eles podem não ser corrigidos, o que pode levar à morte da célula ou à indução de efeitos mutagênicos e cancerígenos.

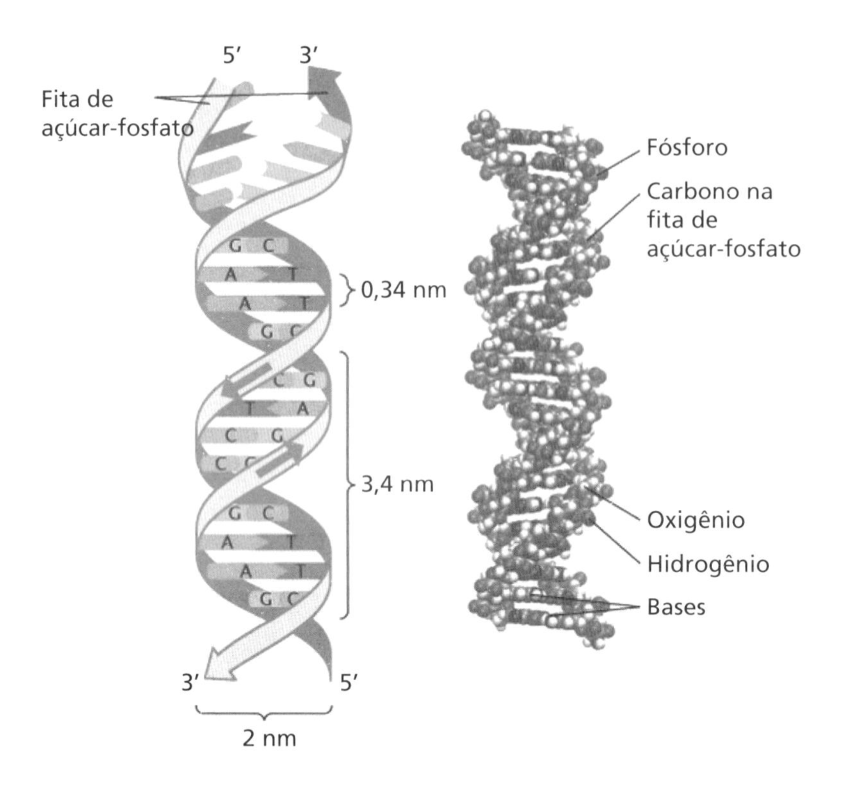

Fig. 9.1 *(A) Esquema da estrutura da molécula de DNA e (B) uma representação tridimensional da molécula*

9.4 Os cromossomos

Nosso corpo contém cerca de 37 trilhões de células, que constituem a unidade básica da vida. Cada órgão ou tecido é formado de um agregado de muitas células específicas desse órgão. O componente mais importante de uma célula é o núcleo, que é seu centro de controle. Nele se encontram os **cromossomos**, que são estruturas nucleares filamentares formadas essencialmente pela molécula de DNA, portadora de informação genética. Eles armazenam e transportam a **informação genética** de uma célula para a outra e de uma geração para a outra e controlam a reprodução e a função diária das células. A Fig. 9.3 mostra os cromossomos dentro do núcleo da célula e, em detalhe, um cromossomo com braços, um centrômero, um telômero e uma molécula de DNA com suas bases.

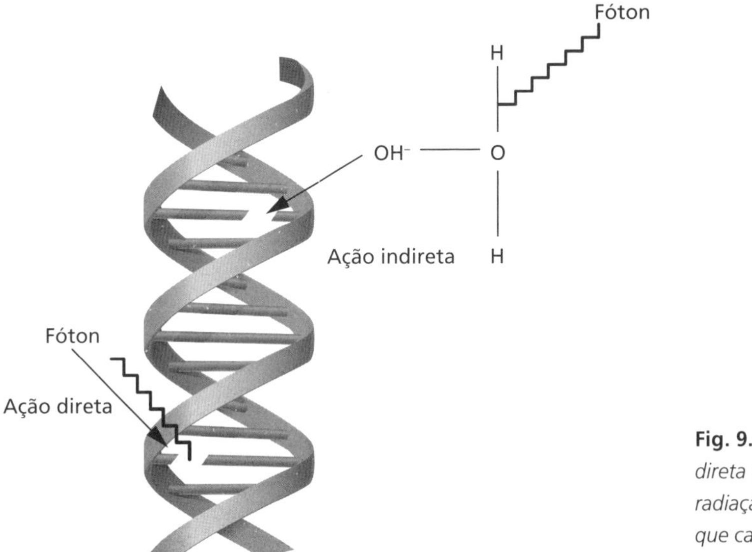

Fig. 9.2 *Ação direta e indireta da radiação ionizante que causa dano em DNA*

Define-se mutação como qualquer alteração permanente na molécula de DNA. Toda e qualquer modificação que interfira no número ou na estrutura dos cromossomos de uma célula é chamada de mutação cromossômica ou **aberração cromossômica**, ao passo que uma mutação gênica altera a estrutura do DNA em um determinado gene. Uma mutação induzida por um agente externo é indistinguível de uma mutação "espontânea", que pode ser somática, quando ocorre em uma célula somática, não se transmitindo aos descendentes da pessoa irradiada, ou germinal, quando ocorre em células da linhagem germinal, podendo passar para gerações futuras. As mutações são, em sua grande maioria, condicionadoras de características indesejáveis, sendo bastante raras aquelas que poderão beneficiar seus portadores. Entretanto, tem sido demonstrado experimentalmente que a maioria das lesões induzidas no DNA é reparada por mecanismos especiais existentes no interior das células.

9.5 Mecanismo direto

O geneticista **Hermann Joseph Müller** (1890-1967) descobriu que os raios X aceleram ou desencadeiam mutação genética através de pesquisas realizadas com *Drosophila melanogaster* em 1927. Por essa descoberta, recebeu o prêmio Nobel de Fisiologia e Medicina em 1946.

Uma exposição do organismo à radiação ionizante desencadeia uma série de reações, que podem resultar na indução de mutações em seu

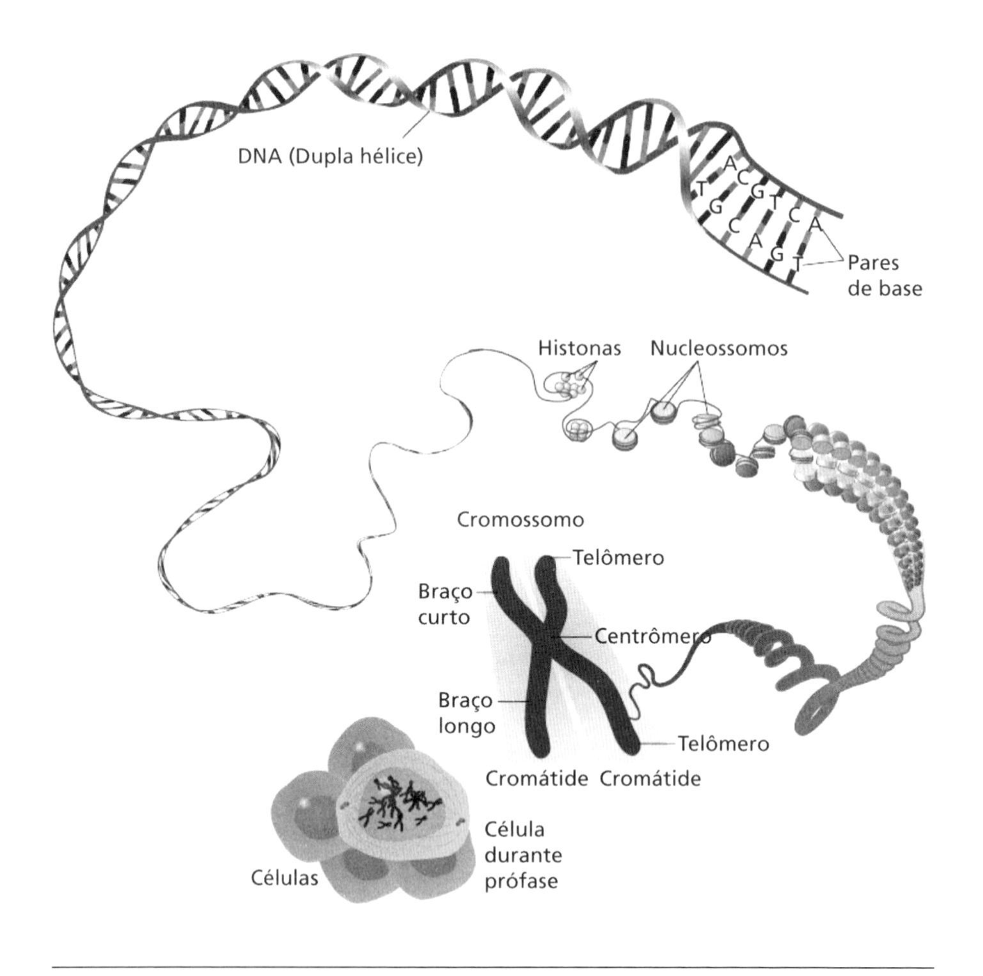

Fig. 9.3 *Cromossomos dentro do núcleo da célula, cromossomo com braços, centrômero e molécula de DNA com pares de bases*

Fonte: *NHGRI (s.d.).*

material genético ou até na morte do organismo. Se todo o corpo de um mamífero for irradiado com raios X com dose absorvida de 1 Gy a 2 Gy, ocorrerão de mil a duas mil alterações de bases, de 500 a mil quebras de uma fita e 40 quebras de duas fitas de cromossomos em uma única célula desse mamífero. A grande maioria das quebras de duas fitas são reparadas dentro de 24 h após a irradiação, mas ao redor de 25% dos reparos são feitos incorretamente. Acredita-se que o erro no reparo, principalmente da quebra de duas fitas da molécula de DNA, seja a principal causa de morte celular e indução de **efeitos mutagênicos** e **cancerígenos**.

Experiências em laboratório têm demonstrado que, para uma mesma quantidade de dose absorvida:

- quanto maior é a taxa de dose, isto é, dose por unidade de tempo, maior é o número de aberrações cromossômicas induzidas;
- quanto maior é o fator de peso da radiação (ver Cap. 4), maior é a densidade de aberrações cromossômicas induzidas.

9.6 Mecanismo indireto

O efeito da radiação na molécula de água é importante, uma vez que a água perfaz 65% do corpo humano em peso. Mme. Curie, descobridora dos elementos químicos polônio e rádio, já sabia em 1931 que a radiação provocava a radiólise da molécula de água, isto é, a quebra da molécula de água.

Essa quebra se inicia pela ionização induzida pela radiação, seguida da produção de componentes reativos como os radicais livres, extremamente instáveis, que reagem rapidamente com outros átomos ou moléculas importantes do corpo humano.

9.7 Natureza dos efeitos biológicos

Quanto à natureza, os efeitos biológicos podem ser classificados em **reações teciduais**, anteriormente chamadas de **efeitos determinísticos**, e **efeitos estocásticos**, que são probabilísticos. As reações teciduais se tornam observáveis quando grande número de células de um órgão ou tecido morrem, sendo **efeitos somáticos**, isto é, efeitos que afetam a pessoa irradiada, ao passo que os efeitos estocásticos podem ser somáticos, como no caso de indução de câncer, e **hereditários**, quando o dano é repassado aos descendentes.

9.8 Reações teciduais

A exposição a uma alta dose de radiação ionizante causa a morte de uma quantidade substancial de células, suficiente para a detecção de reações teciduais (ICRP, 2012). As **reações agudas** podem surgir desde horas até alguns dias após a irradiação, e as ditas *reações tardias*, depois de meses ou anos, dependendo do tecido. As reações agudas podem ser de natureza inflamatória devido à alteração na permeabilidade da célula e à liberação de mediadores inflamatórios. Reações subsequentes resultam, por exemplo, em **mucosite**, que é a inflamação na mucosa que reveste o trato gastrintestinal, e em escamação do tecido epitelial. As reações teciduais tardias surgem após dano no tecido-alvo, como oclusão vascular e grave reação aguda, por exemplo, em necrose cutânea.

As preocupações mais recentes relativas às reações teciduais se referem à **indução de catarata** no cristalino do olho, principalmente na equipe médica que usa técnicas intervencionistas, e de doenças circulatórias observadas por meio de estudos epidemiológicos de pacientes irradiados com alta dose de radiação em radioterapia de câncer de mama e de sobreviventes das bombas atômicas no Japão. As doenças circulatórias são do tipo aterosclerose, caracterizada pela formação de ateromas, que são placas de gordura, colesterol e outras substâncias, na parede dos vasos sanguíneos.

Nas reações teciduais, a gravidade do efeito é função da dose, isto é, quanto maior a dose, mais grave o efeito, que só é detectado acima de uma dada dose, quando a quantidade de células que morrem passa a prejudicar o funcionamento do órgão.

9.9 Efeitos estocásticos

Os principais efeitos estocásticos são o efeito cancerígeno e o efeito hereditário, que surgem nas células normais, aparecendo nas células somáticas, no primeiro caso, e nas células germinativas, no segundo caso. Neste último caso, a radiação não mata a célula, que sobrevive com o dano e continua a repassá-lo às células filhas. Os efeitos estocásticos surgem com qualquer dose, mesmo muito baixa, como a causada pela radiação ambiental ou por algum exame para a obtenção de imagem médica com radiação ionizante, e terá maior probabilidade de acontecer quanto maior for a dose.

9.10 Indução de outras doenças

Essas doenças são principalmente cardíacas, respiratórias e digestivas e derrames cerebrais, com um aumento de incidência detectado a partir de 1990. Esses dados provêm principalmente de **estudos epidemiológicos** dos sobreviventes das bombas atômicas no Japão.

9.11 Sensibilidade dos tecidos à radiação

As células apresentam diferentes sensibilidades aos efeitos somáticos da radiação ionizante, dependendo do tipo e da fase de seu ciclo de reprodução. Células em divisão, ou as que são metabolicamente ativas, ou ainda as que se reproduzem rapidamente, tais como as células brancas do sangue, são mais sensíveis do que aquelas altamente diferenciadas, como as do músculo, do osso e do tecido nervoso.

9.12 Risco devido a exposições médicas

Já foi comentado no Cap. 5 que a dose na população tem aumentado muito no mundo todo devido à obtenção de imagens por tomografia computadorizada e que, em especial, a dose efetiva quase dobrou na população americana de 1980 a 2006. Um relatório extenso da Agência de Proteção à Saúde (HPA-CRCE-028, da sigla em inglês) (Wall et al., 2011) examinou o risco de pacientes que se submetem a imagens médicas apresentarem câncer induzido pela radiação e o risco de efeitos hereditários em seus descendentes em função da idade e do gênero. Foi observado que o risco de vir a ter câncer diminui continuamente com a idade em que ocorre a exposição e que, de forma geral, o risco é menor para homens (Fig. 9.4). O risco de vir a ter câncer durante a vida é duas vezes e cinco vezes maior quando a exposição à radiação ocorre entre 0 e 9 anos em comparação com a exposição de adultos de 30 anos e de 60 anos, respectivamente.

Consta também nesse relatório que, ao fazer uma radiografia de um pé ou de um joelho, o risco de vir a ter câncer durante a vida é de 1 em 1 bilhão para qualquer paciente e de 1 em 1.000, se for uma tomografia computadorizada do tronco (tórax + abdômen + pelve) de uma criança do sexo feminino. O risco hereditário (incluindo a segunda geração) para pacientes que fazem

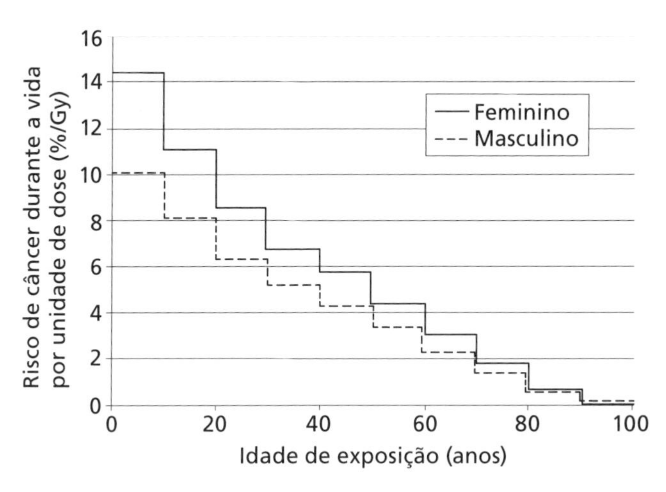

Fig. 9.4 *Risco de incidência de câncer devido a uma radiografia médica uniforme do corpo todo em função da idade de exposição*
Fonte: *Wall et al. (2011).*

radiografia na região das gônadas é de 1 em 1 milhão e de 1 em 15.000, se for uma tomografia computadorizada de abdômen e pelve de uma mulher.

9.13 Hormesis

A palavra ***hormesis*** começou a ser usada em 1943 para descrever o efeito estimulante de certos antibióticos naturais em fungos em concentrações baixas, mas que em concentrações altas atrapalham seu crescimento.

É bem conhecido o exemplo da radiação ultravioleta, que promove a conversão dos precursores esteróis da pele em vitamina D e facilita a absorção do cálcio em dose baixa, mas que em dose alta apresenta o risco de indução de câncer de pele.

Alguns cientistas acreditam que a radiação ionizante em dose baixa tem efeito benéfico de *hormesis* no corpo humano, tais como estímulo ao sistema imunológico, aumento de tempo de vida e redução de incidência de câncer.

9.14 Pesquisas recentes sobre os efeitos biológicos das radiações ionizantes

Até 1992 acreditava-se que somente as células atingidas pela radiação apresentavam danos. No entanto, um experimento extremamente preciso mostrou que, irradiando menos de 1% dos núcleos das células de ovário de um *hamster* com partículas alfa com dose de 0,31 mGy, 30% das células da amostra apresentaram aberração cromossômica (Nagasawa; Little, 1992). Esse efeito foi chamado de **efeito *bystander***, no qual as células são danificadas sem que tenham sido diretamente expostas à radiação, mas apenas por estarem nas proximidades das células atingidas. O mecanismo não é ainda bem conhecido, mas acredita-se que as células danificadas emitam substâncias químicas do tipo radical livre e pequenas proteínas denominadas citoquinas que atingem as células *bystander*. Há vários relatos que datam desde meados dos anos 1950 sobre a produção de fatores que afetam a sobrevivência e a função das células não atingidas diretamente pela radiação ionizante.

A radiação induz também a **instabilidade genômica**, que pode ser observada em tecidos ou células em cultura e caracteriza-se pelo aumento na taxa do acúmulo de aberrações cromossômicas, mutações gênicas e **apoptose** ou morte celular programada, que persistem durante muitos ciclos celulares após a irradiação. Dubrova et al. (2000) descobriram que os filhotes de camundongos cujos pais haviam sido expostos à radiação ionizante tiveram mais mutações nos óvulos e nos espermatozoides do que seus pais.

Também ocorre a **resposta adaptativa**, que é a diminuição na sensibilidade das células à radiação ionizante, protegendo-as contra seus efeitos danosos, se elas forem submetidas à irradiação teste com dose baixa poucas horas antes da irradiação com dose alta.

9.15 Sensibilidade de alguns organismos à radiação ionizante

Até alguns anos atrás, havia a notícia de que, se acontecesse uma hecatombe nuclear, tudo no planeta desapareceria, com exceção das baratas. Hoje sabemos que as baratas não são tão resistentes assim, mas existem outros organismos muito mais resistentes não só à radiação, mas a ambientes extremamente hostis, sem umidade e com temperaturas extremas. Entre esses organismos estão o *Thermococcus gammatolerans*, que sobrevivem a uma dose de 30.000 Gy. Entretanto, foi a bactéria *Deinococcus radiodurans* que passou a ser conhecida como um dos organismos mais resistentes à radiação, além de sobreviver no vácuo, em meio ácido, seco e frio, passando a fazer parte do *Guinness*, o livro dos recordes (DeWeerdt, 2002; Deinococcus..., s.d.). Ela foi descoberta em 1956, quando examinaram uma carne enlatada que, para fins de esterilização, havia sido irradiada com uma dose de radiação gama que mataria qualquer forma de vida. No entanto, essa bactéria estava intacta, e pesquisas mostraram que ela aguenta uma dose de 5.000 Gy a 10.000 Gy. Seu DNA foi sequenciado em 1999. O Departamento de Energia americano está muito interessado nessa bactéria para usá-la na limpeza dos mais de três mil depósitos de rejeitos radioativos espalhados por aquele país.

Pela sua habilidade em reparar eficiente e espetacularmente DNAs danificados, ela também tem despertado o interesse de muitos pesquisadores, que questionam se essa extrema resistência à radiação poderia ser adquirida por seres humanos.

Proteção radiológica

10

Logo após a descoberta dos raios X, alguns médicos que haviam tirado a radiografia de seus próprios crânios, por simples curiosidade, notaram uma queda acentuada de cabelo e relacionaram esse fato com a exposição à radiação. Os tubos de raios catódicos que produziam raios X nessa época eram dos mais diversos tipos e a intensidade da radiação emitida era muito variada e não era medida, pois não existiam equipamentos para tal. Uma quantidade imensa de pessoas tinha começado a fabricar tubos de raios catódicos até nas garagens de suas casas (Trevert, 1896). Em fins de 1896, já havia muitas reportagens sobre o aparecimento de queimaduras na pele exposta aos raios X, criando muita polêmica.

Até a década de 1950, quem segurava o filme de raios X para tirar uma **radiografia de dente** era o próprio dentista, que não acreditava nos efeitos danosos da radiação. Somente quando a mão de muitos dentistas começou a apresentar radiodermite crônica é que eles deixaram de segurar os filmes, repassando essa função para cada paciente. Entretanto, um levantamento realizado em 2010 na cidade de São José do Rio Preto (SP), mediante visitas a 150 consultórios odontológicos, constatou que quem segurava o filme era o profissional em 71% dos casos, se o paciente não fosse capaz de fazê-lo, ao passo que em 3% era o acompanhante, e em 26%, o auxiliar (Neves et al., 2010).

Para esclarecer se de fato a radiação provocava danos, em fins de 1896 **Elihu Thomson** (1853-1937) expôs seu dedo mínimo da mão esquerda durante vários dias, meia hora por dia, a um feixe de raios X, a uma distância menor do que 3 cm do tubo. A partir de uma semana, começou a sentir dores e notou queimadura, inflamação e subsequente formação de bolhas no dedo exposto. Ele concluiu que a exposição a raios X, acima de certo limite, poderia causar sérios problemas. Desde então, os cientistas perceberam a necessidade de estabelecer técnicas de medida da radiação e normas de proteção contra seus efeitos danosos.

Em 1903, Pierre Curie, em seu discurso durante a premiação do Prêmio Nobel concedido ao casal Curie e a Becquerel, disse:

> Se alguém levar em seu bolso de camisa, por algumas horas, uma caixa de madeira ou de papelão contendo uma pequena ampola de vidro com vários centigramas de um sal de rádio, não sentirá absolutamente nada. Mas, depois de 15 dias, aparecerá na epiderme uma vermelhidão e, em seguida, uma ferida de difícil cicatrização. Uma ação mais prolongada poderia levar à paralisia e à morte. O rádio deve ser transportado numa caixa espessa de chumbo.

Tanto Pierre Curie quanto Becquerel chegaram a essa conclusão após eles próprios terem experimentado esses efeitos por levar nos bolsos da camisa, quando eram convidados para palestras, frascos de vidro com sal de rádio para ilustração.

As primeiras recomendações de proteção radiológica foram elaboradas por Wolfram Fuchs, um engenheiro americano (Clarke; Valentin, 2009). Um ano após a descoberta dos raios X, ele já considerava os três itens básicos de proteção – tempo, distância e blindagem:

- tornar o tempo de exposição tão curto quanto possível;
- ficar a uma distância maior do que 30 cm do tubo de raios X;
- passar vaselina na pele.

Durante o Primeiro Congresso Internacional de Radiologia, ocorrido em Londres em 1925, foi criada a **Comissão Internacional de Unidades e Medidas de Radiação** (ICRU), tendo por objetivo propor uma unidade de medida da radiação aplicada à Medicina. O principal item da agenda desse congresso versou sobre unidades e normas de trabalho com raios X. Hoje, o ICRU tem como principal objetivo o desenvolvimento de recomendações que sejam aceitas internacionalmente sobre: grandezas e unidades de radiação e radioatividade; procedimentos adequados para medidas e aplicação dessas grandezas em radiologia diagnóstica, radioterapia, Radiobiologia, Medicina Nuclear, proteção radiológica e atividades industriais e ambientais; e coleta de dados físicos necessários para a aplicação desses procedimentos, cujo uso assegura a uniformidade nos relatos. Desde 1955, essa comissão mantém relações oficiais com vários outros órgãos, entre eles a Organização Mundial da Saúde (OMS).

No segundo Congresso Internacional de Radiologia, realizado em Estocolmo em 1928, foi fundada a **Comissão Internacional de Proteção Radiológica** (ICRP), cuja função principal é fornecer guias gerais para o uso da radiação e estabelecer limites de exposição para trabalhadores e para o público em geral. No Brasil, o termo *indivíduo ocupacionalmente exposto* (IOE) passou a ser usado no lugar de *trabalhador*.

Essas comissões vêm se reunindo geralmente a cada três anos, com interrupção durante a Segunda Guerra Mundial. Em geral, cada país possui um órgão que faz adequações nas normas internacionais para adotá-las. No Brasil, a Comissão Nacional de Energia Nuclear (CNEN), uma autarquia federal criada em 1962, é a responsável por regular, licenciar, autorizar, controlar e fiscalizar o uso da radiação no país, entre outras funções. Ela elabora várias normas e faz revisões com a devida frequência. A NN 3.01 (CNEN, 2014) é a norma de proteção radiológica em vigor no país. Uma questão antiética histórica é a de que essa comissão faz uso da radiação e, ao mesmo tempo, fiscaliza a si própria, uma vez que não existe um órgão independente específico responsável pelo licenciamento de instalações e pela fiscalização do uso da radiação ionizante. A criação de um órgão independente com essa finalidade está em discussão.

10.1 Limites de exposição à radiação ionizante

As recomendações dos **limites de exposição**, que por várias décadas foram chamados de limites máximos permissíveis, sofreram modificações tanto na filosofia quanto nos valores, que foram diminuindo à medida que novos conhecimentos relacionados com os efeitos danosos da radiação eram descobertos. A Tab. 10.1 relaciona algumas das recomendações mais importantes para IOEs segundo várias comissões e as adotadas por diferentes países a partir de 1924. Na terceira coluna da tabela, os números e as unidades aparecem tal qual a recomendação havia sido feita nos anos indicados na primeira coluna. Essas recomendações foram normalizadas, para termos de comparação, usando a unidade milisievert (mSv) (quarta coluna).

Tab. 10.1 Evolução das recomendações sobre os limites de dose de radiação para IOEs

Ano	País ou comissão	Recomendação original	Recomendação em mSv/ano
1924	França	4.000 R/ano	40.000
1924	Reino Unido	0,7 R/dia	2.520
1925	ICRU e Suécia	0,1 dose eritema/ano	500-1.000
1934	ICRP	0,2 R/dia	730
1934	Reino Unido	1,0 R/semana	520
1941	NCRP	0,1 R/dia	360
1947	Reino Unido	0,5 R/semana	260
1947	NCRP	0,3 R/semana	150
1950	ICRP	0,3 R/semana	150
1956	ICRP	5 rem/ano	50
1973	CNEN	5 rem/ano	50
1977	ICRP	50 mSv/ ano	50
1990	ICRP	20 mSv/ano	20
2005	CNEN	20 mSv/ano	20
2007	ICRP	20 mSv/ano	20

em que: ICRU = Comissão Internacional de Unidades de Medidas de Radiação; ICRP = Comissão Internacional de Proteção Radiológica; NCRP = Conselho Nacional de Proteção Contra Radiação dos Estados Unidos; e CNEN = Comissão Nacional de Energia Nuclear.

A primeira recomendação da ICRP foi apresentada em 1934, quando seus sete membros propuseram o valor de 0,2 R/dia para o nível permissível da taxa de exposição.

Observa-se que houve uma redução gradual nos limites de exposição recomendados com o passar dos anos. Isso porque, até meados da década de 1940, o principal propósito da proteção radiológica era proteger os trabalhadores contra os **efeitos agudos da radiação** devidos à alta dose e que se tornavam visíveis, como queimaduras que passavam de vermelhidão leve a forte à formação de bolhas. As recomendações apresentadas pelo NCRP em 1947 basearam-se nos resultados de experiências com animais durante o Projeto Manhattan. O comitê esclareceu que o limite fora abaixado não por causa das evidências positivas de danos após a adoção do limite anterior, mas considerando que havia muitas incertezas e poucos dados e informações disponíveis. Levaram-se ainda em conta a opinião científica e uma filosofia de risco.

Apesar de o geneticista Hermann Joseph Müller (1890-1967), Prêmio Nobel de Fisiologia e Medicina de 1946, ter descoberto em 1927 a indução de mutação genética por raios X, que não é visível a olho nu e pode ser causada por dose muito baixa, ela só foi considerada nas recomendações a partir de 1952.

A primeira recomendação para seres humanos que não fossem IOEs foi emitida em 1954 pela ICRP, no caso de exposição prolongada, e era de um décimo dos níveis máximos permissíveis para os trabalhadores.

10.2 Recomendações de proteção radiológica

As recomendações mais recentes da ICRP foram publicadas em 2007 (ICRP, 2007). No Brasil, a NN 3.01 (CNEN, 2014) é a norma de proteção radiológica em vigor, como já apresentado.

Os principais objetivos da proteção radiológica são:

- proteger a saúde humana e o ambiente contra os efeitos danosos;
- evitar a ocorrência de efeitos determinísticos (reações teciduais), em geral de natureza aguda;
- reduzir a probabilidade de ocorrência de efeitos estocásticos.

A proteção radiológica obedece a três princípios:

- **Princípio da justificação**: qualquer exposição à radiação ionizante deve resultar em mais benefício do que malefício para o indivíduo exposto ou para a sociedade. Segundo a NN 3.01 (CNEN, 2014), até exposições médicas devem ser justificadas.
- **Princípio da otimização da proteção**: a proteção radiológica deve ser otimizada de forma que a magnitude das doses individuais, o número de pessoas expostas e a probabilidade de ocorrência de

exposições mantenham-se tão baixos quanto possa ser razoavelmente exequível, considerando fatores econômicos e sociais.

- **Princípio da aplicação do limite de dose individual**: a exposição normal de indivíduos deve ser restringida de modo que nem a dose efetiva no corpo todo nem a dose equivalente nos órgãos ou tecidos de interesse excedam o limite de dose especificado na Tab. 10.2. Notar que nesses valores não estão incluídas as doses devidas a radiação natural ambiental e a exposições médicas.

Tab. 10.2 LIMITE DE DOSE EFETIVA E DOSE EQUIVALENTE

Grandeza	Orgão	IOE (trabalhador)	Indivíduo do público*
Dose efetiva	Corpo inteiro	20 mSv (média aritmética de cinco anos consecutivos, desde que não exceda 50 mSv em qualquer ano)	1 mSv
Dose equivalente	Cristalino	20 mSv	15 mSv
	Pele	500 mSv	50 mSv
	Mãos e pés	500 mSv	

Nota: qualquer membro da população quando não submetido a exposição ocupacional ou médica.

10.3 Níveis de ação para o controle de alimentos segundo a NN 3.01 (CNEN, 2014)

Os níveis de concentração são recomendados apenas para a restrição à comercialização de produtos alimentares. Esses níveis são, por exemplo, no caso do césio-134 e do césio-137, de 1 kBq/kg para alimentos em geral e para leite, alimentos infantis e água potável. No caso do iodo-131, para alimentos em geral o limite é de 1 kBq/kg, e para leite, alimentos infantis e água potável, de 0,1 kBq/kg.

Para o caso específico de acidentes em reatores PWR envolvendo liberações atmosféricas, o nível recomendado de césio-137 para o consumo de alimentos é de 0,2 kBq/kg, e para leite e água, de 0,3 kBq/kg. No caso do iodo-131, esses valores são de 1 kBq/kg e 0,1 kBq/kg, respectivamente.

10.4 Regras básicas de proteção radiológica

Todos devemos tomar muita precaução ao lidar com emissores de radiação, principalmente os trabalhadores, para limitar os riscos e prevenir acidentes. Para evitar a **contaminação interna**, as seguintes precauções devem ser tomadas pelos IOEs que trabalham sobretudo com soluções radioativas:

- usar máscaras para não inalar gases radioativos;
- não pipetar com a boca, não colocar dedos na boca e não fumar nos locais de trabalho;
- lavar as mãos sempre que necessário, com água abundante e sabonete;
- utilizar luvas e roupas especiais, pois alguns produtos podem ser absorvidos pelo organismo através da pele;
- não colocar marmitas ou refrigerantes nas geladeiras usadas para armazenar soluções ou fontes radioativas.

Para diminuir doses em casos de exposição externa, três fatores devem ser considerados:

- permanecer o mínimo tempo possível próximo à fonte de radiação;
- trabalhar à máxima distância possível da fonte de radiação;
- usar blindagens adequadas, para atenuar a radiação ao máximo.

As recomendações, na verdade, são todas banais. Entretanto, como a radiação não é sentida nem vista pelas pessoas, elas perdem o medo, e é então que começam os problemas de contaminação e irradiação. Por outro lado, há pessoas que possuem fobia à radiação e imaginam que estão contaminadas quando não deveria haver esse temor. Essas pessoas precisam ser informadas ou instruídas, mas muitas não têm acesso à informação, e espero que este livro venha a preencher essa lacuna.

Em cursos de Medicina, em geral somente nas disciplinas de Radiologia Diagnóstica, Radioterapia e Medicina Nuclear os tópicos de *radiação, efeitos biológicos* e *proteção radiológica* são abordados. Entretanto, médicos de quase todas as demais especialidades costumam pedir de seus pacientes a realização de exames para a obtenção de imagens com radiação ionizante. Por isso, é importante discutir com o médico a real necessidade desse exame e se ele não poderia ser substituído por outro, principalmente em se tratando de crianças.

11 Aplicações das radiações ionizantes

Quem realizou a leitura até aqui deve ter ficado com a impressão de que as radiações são os vilões da ciência. Dessa forma, este capítulo relatará "o outro lado da medalha", a parte importante das aplicações, sobre as quais os cientistas têm realizado muitas pesquisas. Salienta-se que serão relatadas somente as aplicações mais importantes na indústria e na Medicina.

Uma observação essencial a ser feita é de que qualquer material e mesmo o corpo humano, quando irradiado com os raios X ou gama ou com os elétrons usados nas aplicações descritas a seguir, não se tornam radioativos, da mesma forma que não ficam luminosos quando expostos à luz.

11.1 Aplicações industriais

Uma das **aplicações industriais** mais importantes das radiações ionizantes é a esterilização de dispositivos médicos e hospitalares, como materiais cirúrgicos, feita com altas doses, desde 1 kGy até 20 kGy, de radiação gama emitida por fontes industriais de cobalto-60 ou de raios X de aceleradores lineares. Entende-se por esterilização a eliminação de todas as formas de micro-organismos presentes em materiais, tais como vírus, bactérias, fungos, protozoários e esporos, para um nível aceitável de segurança. Esses micro-organismos são extremamente resistentes à radiação e, portanto, são necessárias doses muito elevadas para garantir que sua quantidade restante seja inócua para a saúde humana.

É interessante ressaltar que a esterilização com radiação de materiais como algodão, gaze, sutura, *band-aid* e talco pode ser feita dentro de embalagens por causa da grande profundidade de penetração da radiação ionizante, diferentemente de outras formas de esterilização, por exemplo, com calor, em que se ferve o material ou em que ele é colocado dentro de autoclaves, as quais são feitas sem embalagem. Na área médica e odontológica, próteses e implantes, antibióticos, anti-inflamatórios e pomadas oftalmológicas são igualmente esterilizados com essa tecnologia.

A irradiação é também usada para inibir o brotamento (Calderón García, 2000) em batatas e cebolas e para aumentar o tempo de prateleira de frutas como o morango. Cabe mencionar que, durante o brotamento, a batata-inglesa produz maior quantidade de solanina, que é tóxica ao organismo humano, como parte de seu mecanismo de defesa contra doenças e insetos. Muitos países já irradiam grãos, carnes, frutas, tubérculos, chás, ervas, essências e especiarias. No Brasil, existem empresas que esterilizam com radiação ionizante pimenta-do-reino, um dos produtos de exportação. Em muitos países, é obrigatório etiquetar alimentos irradiados com o símbolo de **Radura** (Fig. 11.1).

No Brasil, a Resolução RDC nº 21 (Anvisa, 2001) diz em seu artigo 1º: "aprovar o regulamento técnico para irradiação de alimentos constante do anexo desta resolução". Por sua vez, no item 4.5 escreve-se:

> na rotulagem dos Alimentos Irradiados, além dos dizeres exigidos para os alimentos em geral e específico do alimento, deve constar no painel principal: "ALIMENTO TRATADO POR PROCESSO DE IRRADIAÇÃO", com as letras de tamanho não inferior a um terço (1/3) do da letra de maior tamanho nos dizeres de rotulagem.

11.1.1 Ensaios não destrutivos

Os **ensaios não destrutivos** são testes realizados para a inspeção de materiais ou de equipamentos, a fim de detectar falhas na espessura e defeitos internos e externos e de controlar soldas de oleodutos e gasodutos no campo, onde, muitas vezes, não existe rede elétrica. Grandes tubulações ou sistemas são também examinados com raios X ou gama, como peças ou mesmo asas de aeronaves, sem que seja necessário desmontá-los ou transportá-los para o laboratório. Esses ensaios são chamados de **gamagrafia industrial**, se o agente usado para radiografar for radiação gama emitida, em geral, por uma fonte de irídio-192 ou cobalto-60. São também realizados com raios X produzidos por tubos portáteis levados até o local de realização dos testes. Além disso, há um sistema contínuo em que pneus de veículos ou peças fundidas passam por uma esteira e são radiografados para detectar falhas, por exemplo, na vulcanização ou na fundição.

Fig. 11.1 *Símbolo de Radura, que indica que o alimento foi irradiado*

Os raios X são igualmente utilizados para examinar não só passageiros de aeronaves, que poderiam estar transportando desde armas até drogas dentro de seu corpo, mas também suas bagagens de mão e o conteúdo de malas desacompanhadas, cargas e contêineres, garantindo assim a segurança de aeroportos e alfândegas, entre outros.

11.1.2 Irradiação de cristais naturais brasileiros

O Brasil é um país riquíssimo em **cristais naturais**. Alguns deles são de valor altíssimo e, assim, considerados gemas, ou pedras preciosas, como é o caso da esmeralda, de coloração verde, e do topázio-imperial, de coloração alaranjada muito bonita. O **quartzo** incolor e o **topázio** incolor, ambos transparentes, são também bastante encontrados no país, e a combinação correta de irradiação com radiação gama ou X e tratamento térmico transforma-os em gemas de coloração *whisky* e azul-clara, respectivamente. Se a irradiação for com nêutrons em um reator nuclear, o topázio poderá adquirir uma cor azul-escura semelhante à da safira-oriental. Algumas empresas no Brasil colorem, com fins comerciais, grandes quantidades de cristais naturais com irradiadores industriais, os mesmos utilizados na esterilização de produtos como a pimenta-do-reino.

11.2 Aplicações na Medicina

Na Medicina, as aplicações da radiação são feitas em um campo genericamente denominado **radiologia**, que por sua vez compreende a radiologia diagnóstica, a Medicina Nuclear e a radioterapia. As técnicas usadas na radiologia diagnóstica e na Medicina Nuclear permitem a obtenção de imagens do corpo, com a diferença de que no primeiro caso a imagem é anatômica e, no segundo, funcional.

11.2.1 Radiologia diagnóstica

A **radiologia diagnóstica** se refere à análise de imagens obtidas com raios X, que podem ser tanto estáticas quanto dinâmicas. Uma imagem dinâmica do interior do corpo em movimento e em tempo real pode ser obtida por meio de **fluoroscopia**. A radiologia diagnóstica inclui a radiografia simples, como o popularmente chamado raio X de tórax, a mamografia, que faz imagens de mama, o enema opaco ou enema de bário, que usa fluoroscopia, e a tomografia computadorizada, a mais complexa.

Em uma **radiografia convencional**, as imagens de todos os órgãos são superpostas e projetadas no plano do filme. As estruturas normais podem mascarar a imagem de tumores ou regiões normais ou interferir nessa imagem. Além disso, enquanto a distinção entre o ar, o tecido mole (muscular) e o osso pode ser feita facilmente em uma chapa fotográfica, o mesmo não ocorre entre os tecidos normais e anormais, que apresentam uma pequena diferença na absorção de raios X que o olho humano, em geral, não consegue detectar. Para visualizar alguns órgãos do corpo, é necessário ingerir ou injetar o que se chama de **contraste**, que pode absorver mais ou menos raios X do que os tecidos vizinhos. Os contrastes mais comuns são o ar, um pobre absorvedor de raios X, e os compostos de iodo e de bário, bons absorvedores de raios X por possuírem alto número atômico, o que promove mais a interação fotoelétrica. Durante a obtenção de uma **radiografia do pulmão**, o técnico pede para que se encha o pulmão com ar. Compostos de iodo são injetados no fluxo sanguíneo para obter imagens de artérias e compostos de bário são ingeridos para radiografar o trato gastrintestinal, o esôfago e o estômago. Logicamente, esses contrastes não são e não se tornam radioativos.

O uso de **filmes radiográficos**, que precisam ser revelados, vem diminuindo cada dia mais com a introdução da **radiografia digital**. Nela, os fótons de raios X, após atravessarem a parte do corpo a ser radiografada, incidem em uma placa de sensores que convertem os sinais gerados em informação digital, e a imagem é apresentada na tela de um computador, podendo ser manipulada e vista imediatamente, uma vez que não é preciso revelá-la.

Mamografia

A **mamografia** é a obtenção de uma imagem da mama. Na radiografia de tecidos moles, como é o caso da mama, constituída de músculos e estruturas adiposas com números atômicos e densidades similares, é necessário que haja absorção diferencial. Isso é feito usando baixa tensão de pico e alto produto da corrente vezes o tempo de exposição, representado pelo jargão mAs (miliampère-segundo), em um tubo de raios X. O **mamógrafo** é um equipamento específico para radiografar a mama e o raio X que o atravessa é de energia baixa, entre 23 keV e 35 keV. Para ser radiografada, a mama deve ser comprimida para uniformizar e reduzir sua espessura, além de ser necessário mantê-la imóvel.

A **mamografia digital** se diferencia da convencional por ter um receptor digital computadorizado em vez de um filme cassete que registra a imagem. A novidade nessa área é a **tomossíntese mamária**, que é uma tecnologia 3D que permite observar o tecido mamário em cortes seriados a partir de 1 mm de espessura.

Radiologia intervencionista

Médicos especialistas em cardiologia, cirurgia vascular, ortopedia etc., muitos deles sem formação em proteção radiológica, costumam usar procedimentos intervencionistas, que são intervenções diagnósticas ou terapêuticas guiadas por uma imagem produzida pela passagem de raios X através do corpo do paciente.

O **cateterismo cardíaco**, também conhecido como angiografia coronariana, é um desses procedimentos utilizados para examinar as artérias cardíacas e o funcionamento das válvulas e do músculo cardíaco. O cateter, um tubo longo de cerca de 1 m de comprimento e 2,5 mm de diâmetro, é inserido, em geral, em um vaso sanguíneo através de um corte feito na região da virilha, transportando o material de contraste que será liberado no local de interesse radiográfico. Esse contraste permite a visualização da obstrução nas coronárias causada pelo depósito de gordura em suas paredes. Durante o exame, que pode durar entre 30 e 60 minutos, o raio X é usado quase que continuamente para a monitoração. Esse exame fornece imagens digitalizadas que são disponibilizadas em filme e fotos.

Tomografia computadorizada

A **tomografia computadorizada** causou uma grande revolução na área de radiologia diagnóstica desde a descoberta dos raios X. Ela foi desenvolvida comercialmente a partir de 1972 pela firma inglesa EMI e faz a reconstrução tridimensional da imagem por computação, possibilitando a visualização de uma fatia do corpo sem a superposição de órgãos e com alta resolução em um monitor de vídeo. Esse sistema produz imagens com detalhes que não são visualizados em uma chapa convencional de raios X. Detectores de estado sólido substituem as chapas fotográficas em tomógrafos, mas a radiação usada ainda é a X.

A primeira geração de tomógrafos utilizava um feixe estreito, colimado, de raios X e um ou dois detectores, que acompanhavam o tubo numa rotação de 180°, e era limitada a tomografias do crânio. O tempo de aquisição de um corte tomográfico era de cerca de 5 minutos. Com o passar dos anos, a quantidade de detectores aumentou, passando a ocupar todo o anel, assim como também cresceu o número de fileiras. O tempo de aquisição da imagem foi diminuindo e a qualidade da imagem de qualquer parte do corpo foi melhorando, até que se chegou à era da **tomografia helicoidal multicorte**. Esta pode avaliar, com boa resolução e em tempo bastante curto, estruturas vasculares de artérias carótidas e vertebrais, artérias e veias pulmonares, aorta, e artérias periféricas e coronárias.

11.2.2 Medicina Nuclear

A **Medicina Nuclear** usa radionuclídeos como fonte de radiação aberta, isto é, em forma líquida ou gasosa, injetada ou administrada a um paciente, e técnicas da Física Nuclear na diagnose, no tratamento e no estudo de doenças. Esses radionuclídeos são chamados de **traçadores** e sua passagem pelo corpo humano pode ser acompanhada externamente por meio de detectores específicos.

O principal radionuclídeo inicialmente usado foi o iodo-131, na forma de iodeto de sódio, para a obtenção de imagens da tireoide. Esse exame fornece informações sobre o funcionamento da tireoide, sendo ela hiper, normal ou hipofuncionante, além de detectar tumores. O grande avanço nessa área diagnóstica ocorreu com a introdução do **tecnécio-99 metastável** (^{99m}Tc) como traçador, que possui meia-vida física de seis horas, emite um fóton de 140 keV e consegue marcar um número muito grande de fármacos, o que o torna aplicável em estudos de uma variedade de órgãos e sistemas do corpo humano. Além disso, há a seguinte vantagem no uso do ^{99m}Tc, que só emite radiação gama, em relação ao uso do iodo-131: além de radiação gama, este emite partícula beta, que não consegue atravessar o corpo e ser detectada externamente para fins diagnósticos e que causa ionização, onde vai depositando energia.

A partir de 1970, houve grandes avanços instrumentais e em métodos de diagnóstico, como a **tomografia computadorizada por emissão de fóton único** (**Spect**, sigla referente ao termo em inglês) e a **tomografia por emissão de pósitron** (**PET**) (Robilotta, 2006). A principal fonte de emissão do pósitron é o **flúor-18**, com meia-vida de quase 110 minutos e que é produzido no acelerador cíclotron. O pósitron emitido com energia de 634 keV caminha poucos milímetros dentro do corpo humano até encontrar um elétron, quando se aniquila e em seu lugar são formados dois fótons, cada um com energia de 511 keV, que saem em direções opostas e são usados na reconstrução de imagem em tomografia. O radionuclídeo flúor-18 é utilizado para marcar o principal insumo do PET, que é a flúor-deoxi-glicose (**FDG**), um composto análogo à glicose. Uma vez que a demanda de glicose é muito maior em **tumores malignos** do que em tecidos normais, por se multiplicarem desordenadamente, a detecção da concentração maior de glicose é uma indicação da existência de câncer. Por causa da pequena meia-vida do flúor-18, o cíclotron que o produz deve ter suas instalações nas vizinhanças das salas em que são realizados os exames PET.

Mapeamentos das áreas cerebrais são feitos com PET, uma vez que a glicose se concentra na região de maior atividade cerebral. Antes do advento dessa tecnologia, a função das áreas do cérebro só podia ser conhecida por meio de necrópsias. **Pierre Paul Broca** (1824-1880), médico e cientista francês, descobriu o centro do uso da palavra no cérebro, hoje conhecido como área de Broca, na região do lobo frontal. Ele teve um paciente que só conseguia pronunciar "tan", e o termo *tantã* atravessou fronteiras e chegou a nós com o significado de bobo, ingênuo, hoje quase em desuso. Em 1861, ao fazer a necropsia desse indivíduo, Broca descobriu uma lesão provocada por sífilis no hemisfério cerebral esquerdo.

O grande avanço em radiologia diagnóstica surgiu com o **sistema combinado PET/CT**, que funde a imagem funcional, que fornece informação metabólica, com a anatômica de qualquer parte do corpo.

11.2.3 Radioterapia

A **radioterapia** utiliza a radiação ionizante no tratamento de tumores, principalmente os malignos, e baseia-se na destruição do tumor pela absorção de energia da radiação. O princípio básico utilizado maximiza o dano no tumor e minimiza o dano em tecidos vizinhos, sadios, o que se consegue, de certa forma, irradiando o tumor de várias direções. Quanto mais profundo for o tumor, mais energética deve ser a radiação a ser utilizada. A radiação ionizante danifica o DNA do tecido cancerígeno para provocar sua morte. As **células cancerígenas** são menos diferenciadas, reproduzem-se mais rapidamente e têm capacidade diminuída de reparo quando comparadas às células normais.

A radioterapia pode ser classificada em **teleterapia** e **braquiterapia**. No primeiro caso, a fonte de radiação se localiza longe do tumor. Já no segundo, a fonte (em forma de sementes, fios ou placas) se localiza próxima do tumor ou em contato direto com ele.

Os primeiros tratamentos teleterápicos utilizavam fontes de césio-137, cujo núcleo emite, ao se desintegrar, partículas beta e um raio gama de 0,66 MeV com meia-vida de 30 anos para irradiar tumores. Os equipamentos radioterápicos com fonte de césio-137 foram sendo desativados, caso do acidente de Goiânia, e substituídos pelas então chamadas bombas de cobalto, que usavam uma fonte de **cobalto-60**. Este emite, além de partículas beta, dois fótons sucessivamente com energia de 1,17 MeV e 1,33 MeV em cada desintegração, com meia-vida física de 5,3 anos. Essas energias representam quase o dobro da energia do fóton emitido pelo césio-137, o que traz vantagem, pela maior profundidade de penetração, mas tem a desvantagem de possuir meia-vida curta.

O avanço na radioterapia veio em fins de 1960, com a introdução dos aceleradores lineares, os ***linacs***, que os físicos utilizam em suas pesquisas em **Física Nuclear**. No Brasil, o primeiro acelerador linear para fins radioterápicos foi instalado no hospital Oswaldo Cruz, em São Paulo, em 1972. Os *linacs* produzem elétrons e raios X com energias que vão de 4 MeV a 25 MeV. Esses raios X não são monoenergéticos e apresentam um espectro de energia, isto é, produzem fótons com energia que vai desde próxima de zero até um valor máximo determinado pela tensão aplicada no tubo.

Uma grande evolução em radioterapia surgiu com o desenvolvimento de aceleradores que emitem feixe de prótons com energias desde 70 MeV até 250 MeV, ou de íons pesados como os de carbono. Uma vantagem da radioterapia com próton ou íons pesados (Fokas et al., 2009) é o fato de a grande deposição de energia em forma de pico ocorrer no fim de sua trajetória, o que de certa forma protege o tecido sadio que fica na frente do tumor que se deseja tratar. Esse pico chama-se **pico de Bragg**, como se pode ver na Fig. 11.2. Quanto maior é a energia do feixe de próton, mais profunda é a localização do pico de Bragg, que pode estar nas vizinhanças do tumor. A construção de um acelerador cíclotron para essa finalidade é custosa e somente poucos países do mundo dispõem dessa tecnologia. A Fig. 11.2 mostra a deposição de energia em forma de dose relativa em função da profundidade na água para um feixe de fótons de 21 MeV, um feixe de prótons de 148 MeV/u e um feixe de carbono-12 de 270 MeV/u.

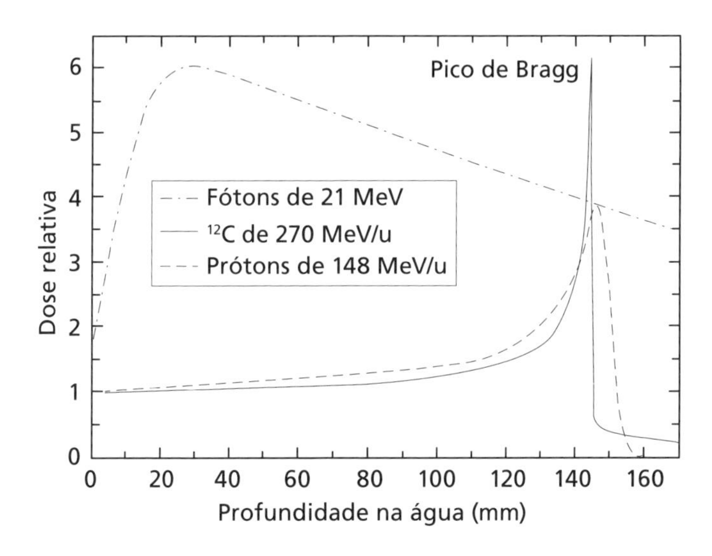

Fig. 11.2 *Dose relativa em função da profundidade na água para um feixe de fótons de 21 MeV, um feixe de prótons de 148 MeV/u e um feixe de carbono-12 de 270 MeV/u*
Fonte: *Fokas et al. (2009).*

Os procedimentos e os sistemas de tratamento têm evoluído com o tempo, visando sempre à maximização de dose no tumor e à minimização de dose nos tecidos vizinhos, que são sadios.

A **radioterapia conformada ou 3D** alia a aquisição de imagens por tomografia computadorizada, ressonância magnética ou tomografia por emissão de pósitron ao planejamento de tratamento individual, com uma melhor definição do volume-alvo. Quando a forma do volume-alvo for irregular e ele estiver próximo a estruturas sensíveis à radiação, esse tipo de terapia poderá encontrar dificuldades.

A técnica de **radioterapia com modulação de intensidade** (IMRT), que se baseia em tomografia e, às vezes, em imagens por ressonância magnética e PET/CT, modula a intensidade do feixe de cada campo de tratamento por meio da colocação de filtros no feixe, considerando as estruturas anatômicas do paciente. É um tratamento adequado para tumores com formas irregulares ou muito misturadas ao tecido sadio, que deve ser preservado.

Na **radioterapia guiada por imagem** (IGRT), a distribuição de dose pode ser feita de forma mais precisa porque as imagens do tumor são obtidas no próprio equipamento, em tempo real. O posicionamento correto do paciente também pode ser verificado com a obtenção de imagens antes da aplicação da radiação para terapia. No decorrer do tratamento, é possível acompanhar com essa técnica a evolução da localização e do tamanho do tumor.

A **radioterapia intraoperatória** é realizada na sala cirúrgica com a irradiação do tumor ou dos tecidos vizinhos com elétrons gerados por acelerador linear logo após a retirada total ou parcial do tumor.

Na **radiocirurgia** ou **radioterapia estereotáxica**, uma dose única alta ou em frações pode ser dada ao tumor. Apesar do termo *radiocirurgia*, não se faz nenhum corte no paciente. Nessa técnica, é muito importante a imobilização do local a ser irradiado, por causa de dose muito alta, e por esse motivo são adquiridas imagens precisas do local a ser irradiado.

referências bibliográficas

ALLISY, A. Henri Becquerel: the discovery of radioactivity. *Radiation Protection Dosimetry*, v. 68, n. 1-2, p. 3-10, 1996.

ALVAREZ, L. *Carta dirigida ao físico nuclear Ryokichi Sagane*. 1945. Disponível em: <http://www.lettersofnote.com/2009/12/this-rain-of-atomic-bombs-will--increase.html>. Acesso em: 27 fev. 2015.

ALVAREZ, L. W. et al. Search for hidden chambers in the pyramids. *Science*, Feb. 6, 1970.

ANDRADE, R. O. Mineiros contra o câncer. *Pesquisa Fapesp*, n. 230, p. 88-89, abr. 2015.

ANVISA – AGÊNCIA NACIONAL DE VIGILÂNCIA SANITÁRIA. Resolução RDC nº 21, de 26 de janeiro de 2001, que aprova o regulamento técnico para irradiação de alimentos. *Diário Oficial da União*, Brasília, 26 jan. 2001. Disponível em: <http://www.anvisa.gov.br/legis/resol/21_01rdc.htm>.

BATISTA, I. R. S.; NASCIMENTO, M. G. B.; BATISTA, I. V.; SOUSA, M. M. O acidente com o césio 137 sob o olhar dos trabalhadores de vigilância sanitária. *Revista da Universidade Federal de Goiás (UFG) – Dossiê Césio 137*, ano IX, n. 1, 2007. Disponível em: <http://www.proec.ufg.br/revista_ufg/agosto2007/textos/dossie-GoianiaAcidente137.pdf>. Acesso em: 5 fev. 2015.

BELL, R. Les cobayes humains du plutonium. *La Recherche*, v. 26, n. 275, p. 384-393, avril 1995.

BORGES, L. Césio aumentou a incidência de câncer em Goiânia? *Jornal Opção*, n. 1849, 12-18 dez. 2010.

CALDERÓN GARCÍA, T. *La irradiación de alimentos*: principios, realidades y perspectivas de futuro. Espanha: McGraw-Hill, 2000.

CARVALHO, J. F. O espaço da energia nuclear no Brasil. *Estudos Avançados*, v. 26, n. 74, p. 293-307, 2012.

CLARKE, R. H.; VALENTIN, J. The history of ICRP and the evolution of its policies. *Annals of the ICRP*, ICRP Publication 109, p. 75-86, 2009.

CNEN – COMISSÃO NACIONAL DE ENERGIA NUCLEAR. NN 3.01: diretrizes básicas de proteção radiológica. Resolução 164/14. *Diário Oficial da União*, Brasília, 11 mar. 2014.

DEINOCOCCUS radiodurans. *Wikipedia*, [s.d.]. Disponível em: <https://en.wikipedia.org/wiki/Deinococcus_radiodurans>.

DeWEERDT, S. E. The world's toughest bacterium: *Deinococcus radiodurans* may be a tool for cleaning up toxic waste and more. *Genome News Network*, July 5, 2002. Disponível em: <http://www.genomenewsnetwork.org/articles/07_02/deinococcus.shtml>.

DUBROVA, Y. E., PLUMB, M., GUTIERREZ, B., BOULTON, E.; JEFFREYS, A. J. Genome stability: transgenerational mutation by radiation. *Nature,* v. 405, n. 37, 2000. doi: 10.1038/35011135.

EARLY government support (1939-1942). *The Manhattan Project: an interactive history*, U. S. Department of Energy, Office of History and Heritage Resources, [s.d.]. Disponível em: <https://www.osti.gov/opennet/manhattan-project-history/Events/1939-1942/1939-1942.htm>. Acesso em: 17 ago. 2017.

EBEN Byers. *Wikipedia*, [s.d.]. Disponível em: <http://en.wikipedia.org/wiki/Eben_Byers>. Acesso em: 9 out. 2014.

EISENBUD, M. *Environmental radioactivity*: from natural, industrial and military sources. 3. ed. New York: Academic Press, 1987.

ERNEST Rutherford: biographical. *Nobelprize.org*, 2014. Disponível em: <http://www.nobelprize.org/nobel_prizes/chemistry/laureates/1908/rutherford-bio.html>. Acesso em: 17 set. 2014.

FACURE, A. *A contaminação radiológica remanescente em Goiânia*. Dissertação (Mestrado) – Instituto de Física, Universidade Federal Fluminense, 2001.

FACURE, A.; UMISEDO, N. K.; OKUNO, E.; YOSHIMURA, E. M.; GOMES, P. R. S.; ANJOS, R. M. Remains of ^{137}Cs contamination in the city of Goiânia, Brazil. *Radiation Protection Dosimetry*, v. 95, n. 2, p. 165-171, 2001.

FACURE, A.; UMISEDO, N. K.; OKUNO, E.; YOSHIMURA, E. M.; GOMES, P. R. S.; ANJOS, R. M. Measurements performed in Goiânia after a new intervention action in 2001. *Radiation Protection Dosimetry*, v. 98, n. 4, p. 433-436, 2002.

FRAME, P. W. The legend of Émil H. Grubbé. In: FRAME, P. W. *Tales from the atomic age*. [s.d.]. Disponível em: <https://www.orau.org/ptp/articlesstories/grubbe.htm>.

EVANS, R. D. Radium poisoning: a review of present knowledge. *American Journal of Public Health and The Nations Health,* v. XXIII, n. 10, p. 1017-1023, Oct. 1933. doi: 10.2105/AJPH.23.10.1017-b.

FOKAS, E.; KRAFT, G.; AN, H.; ENGENHART-CABILLIC, R. Ion beam radiobiology and cancer: time to update ourselves. *Biochimica et Biophysica Acta,* v. 1796, n. 2, p. 216-229, 2009.

FRIEDMAN, M.; FRIEDLAND, G. W. *As dez maiores descobertas da medicina*. São Paulo: Companhia das Letras, 2000.

FUKUSHIMA Daiichi nuclear disaster. *Wikipedia*, [s.d.]. Disponível em: <http://en.wikipedia.org/wiki/Fukushima_Daiichi_ nuclear_disaster>. Acesso em: 7 jan. 2015.

GIBBENS, S. First look inside Fukushima reactor revealed. *National Geographic*, July 21, 2017. Disponível em: <https://news.nationalgeographic.com/2017/07/fukushima-nuclear-reactor-robot-clean-up-video-spd/>.

GORDON, H. Journey deep into the Finnish caverns where waste will be buried for millennia. *Wired*, Apr. 24, 2017. Disponível em: <http://www.wired.co.uk/article/olkiluoto-island-finland-nuclear-waste-onkalo>.

GREENPEACE. *Mayak*: a 50-year tragedy. Summary of the report released by Greenpeace Russia. The Netherlands: Greenpeace International, Sept. 2007.

IAEA – INTERNATIONAL ATOMIC ENERGY AGENCY. *Ines*: the International Nuclear and Radiological Event Scale. [s.d.]. Disponível em: <http://www-ns.iaea.org/tech-areas/emergency/ines.asp>. Acesso em: 10 out. 2014.

IAEA – INTERNATIONAL ATOMIC ENERGY AGENCY. *The radiological accident in Goiânia*. Vienna, 1988. ISBN 92-0-129088-8.

IAEA – INTERNATIONAL ATOMIC ENERGY AGENCY. *Dosimetric and medical aspects of the radiological accident in Goiânia in 1987*. TECDOC 1009, ISSN 1011-4289, 1998.

IAEA – INTERNATIONAL ATOMIC ENERGY AGENCY. *The radiological accident in Yanango*. Vienna, 2000a. STI/PUB/1101. ISBN 92-0-101500-3.

IAEA – INTERNATIONAL ATOMIC ENERGY AGENCY. *The radiological accident in Istanbul*. Vienna, 2000b. ISBN 92-0-101400-7.

IAEA – INTERNATIONAL ATOMIC ENERGY AGENCY. *The radiological accident in Samut Prakarn*. Vienna, 2002. STI/PUB/112. ISBN 92-0-110902-4.

IAEA – INTERNATIONAL ATOMIC ENERGY AGENCY. *Ines*: the International Nuclear and Radiological Event Scale user's manual – 2008 Edition. Vienna, 2009.

ICNIRP – THE INTERNATIONAL COMMISSION ON NON-IONIZING RADIATION PROTECTION. Guidelines on Limits of Exposure to Ultraviolet Radiation of Wavelengths between 180 nm and 400 nm (Incoherent Optical Radiation). *Health Physics*, v. 87, n. 2, p. 171-186, 2004.

ICRP – INTERNATIONAL COMMISSION ON RADIOLOGICAL PROTECTION. Recommendations of the International Commission on Radiological Protection. *Annals of the ICRP*, v. 21, n. 1-3, 1990.

ICRP – INTERNATIONAL COMMISSION ON RADIOLOGICAL PROTECTION. The 2007 recommendations of the International Commission on Radiological Protection. *Annals of the ICRP*, ICRP Publication, v. 103, n. 37, p. 2-4, 2007.

ICRP – INTERNATIONAL COMMISSION ON RADIOLOGICAL PROTECTION. *ICRP* statement on tissue reactions and early and late effects of radiation in normal tissues and organs – threshold doses for tissue reactions in a radiation protection context. *ICRP Publication*, v. 118, n. 41, p. 1-2, 2012.

ICRU – INTERNATIONAL COMMISSION ON RADIATION UNITS AND MEASUREMENTS. *Conversion coefficients for use in Radiological Protection against external radiation (Report 57)*. USA, 1997.

ICRU – INTERNATIONAL COMMISSION ON RADIATION UNITS AND MEASUREMENTS. Fundamental quantities and units for ionizing radiation (Report 85). *Journal of ICRU*, v. 11, n. 1, 2011.

INMETRO – INSTITUTO NACIONAL DE METROLOGIA, QUALIDADE E TECNOLOGIA. *Sistema Internacional de Unidades (SI)*. 1. ed. Rio de Janeiro, 2012.

INMETRO – INSTITUTO NACIONAL DE METROLOGIA, QUALIDADE E TECNOLOGIA. *Portaria nº 590, de 2 de dezembro 2013, sobre a aprovação do Quadro Geral de Unidades de Medida adotado no Brasil, na forma de anexo a esta resolução*. 2013. Disponível em: <http://www.inmetro.gov.br/legislacao/rtac/pdf/RTAC002050.pdf>. Acesso em: 15 jan. 2015.

INTERIM storage site for Fukushima contaminated soil to begin full operations. *The Mainichi*, Oct. 25, 2017. Disponível em: <https://mainichi.jp/english/articles/20171025/p2a/00m/0sp/012000c>.

LITTLE Boy and Fat Man. *Atomic Heritage Foundation*, July 2014. Disponível em: <https://www.atomicheritage.org/history/little-boy-and-fat-man>. Acesso em: 2 mar. 2015.

LOVERING, D. Radioactive robot: the machines that cleaned up Three Mile Island.

Scientific American, Mar. 27, 2009. Disponível em: <https://www.scientificamerican.com/article/three-mile-island-robots/>.

MANHATTAN Project. *Wikipedia*, [s.d.]. Disponível em: <http://en.wikipedia.org/wiki/Manhattan_Project>. Acesso em: 2 mar. 2015.

MANN, P. *Lessons from Windscale's nuclear legacy*. 2011. Disponível em: <http://www.ingenia.org.uk/ingenia/issues/issue48/Mann.pdf>. Acesso em: 18 jul. 2014.

MARIE Curie: biographical. *Nobelprize.org*, 2014. Disponível em: <www.nobelprize.org/nobel_prizes/physics/laureates/1903/marie-curie-bio.html>. Acesso em: set. 2014.

MINISTERIO DE ENERGIA Y MINAS. COMISION NACIONAL DE SEGURIDAD NUCLEAR Y SALVAGUARDIAS. *Accidente de contaminación com* ^{60}Co. México: IAEA, 1984. CNSN-IT-001.

MIYADERA, H.; BOROZDIN, K. N.; GREENE, S. J.; LUKIÉ, Z.; MASUDA, K.; MILNER, E. C.; MORRIS, C. L.; PERRY, J. O. Imaging Fukushima Daiichi reactors with muons. *AIP Advances*, v. 3, n. 5, 2013.

MOSS, W.; ECKHARDT, R. The Human Plutonium Injection Experiments. *Los Alamos Science*, n. 23, p. 177-233, 1995.

NAGASAWA, H.; LITTLE, J. B. Induction of sister chromatid exchanges by extremely low doses of alpha-particles. *Cancer Res.*, v. 52, n. 22, 1992.

NCRP – NATIONAL COUNCIL ON RADIATION PROTECTION AND MEASUREMENTS. *Ionizing radiation exposure of the population of the United States (Report 160)*. 2009. ISBN 978-0-929600-98-7.

NEVES, F. S.; VASCONCELOS, T. V.; BASTOS, L. C.; GÓES, L. A; FREITAS, D. Q. Atitudes dos cirurgiões-dentistas em relação à proteção radiológica, de acordo com a lei brasileira. *Rev. Odontol. Bras. Central*, v. 19, n. 51, p. 301-305, 2010.

NHGRI – NATIONAL HUMAN GENOME RESEARCH INSTITUTE. *Talking glossary of genetic terms*: chromosome. [s.d.]. Disponível em: <http://www.genome.gov/Glossary/index.cfm?id=33&textonly=true>. Acesso em: fev. 2010.

OKUNO, E.; YOSHIMURA, E. M. *Física das Radiações*. São Paulo: Oficina de Textos, 2010.

ONKALO spent nuclear fuel repository. *Wikipedia*, [s.d.]. Disponível em: <http://en.wikipedia.org/wiki/Onkalo_spent_nuclear_fuel_repository>. Acesso em: 4 fev. 2015.

RADITHOR. *Orau – Oak Ridge Associated Universities*, [s.d.]. Disponível em: <https://www.orau.org/ptp/collection/quackcures/radith.htm>.

RERF – RADIATION EFFECTS RESEARCH FOUNDATION. *A Japan-US Cooperative Research Organization*: a brief description. June 2013. p. 1-58.

ROBILOTTA, C. C. A tomografia por emissão de pósitrons: uma nova modalidade na medicina nuclear brasileira. *Ver. Panam. Salud Publica*, v. 20, n. 2/3, p. 134-142, 2006.

ROWLAND, R. E. *Radium in humans*: a review of US studies. ANL/ER-3 UC-408. Argonne National Laboratory, Sept. 1994.

SAMPSON, M. Dry cask storage: the basics. *USNRC – United States Nuclear Regulatory Commission*, Mar. 12, 2015. Disponível em: <https://public-blog.nrc-gateway.gov/2015/03/12/dry-cask-storage-the-basics/>. Acesso em: 27 nov. 2017.

SCHNEIDER, M. et al. *The world nuclear industry status report 2016*. Paris, London, Tokyo, July 2016.

THE TRINITY test. *The Manhattan Project: an interactive history*, U. S. Department of Energy, Office of History and Heritage Resources, [s.d.]. Disponível em: <https://www.osti.gov/manhattan-project-history/Events/1945/trinity.htm>. Acesso em: 2 mar. 2015.

THREE Mile Island accident. *Wikipedia*, [s.d.]. Disponível em: <https://en.wikipedia.org/wiki/Three_Mile_Island_accident>.

THREE Mile Island accident. *World Nuclear Association*, 2001. Disponível em: <http://www.world-nuclear.org/info/safety-and-security/safety-of-plants/three-mile-island-accident/>. Acesso em: 30 abr. 2014.

TOKURIKI, K. (Org.). *Bonecos de neve e Chernobyl*. 1. ed. São Paulo: Academia de Ciências do Estado de São Paulo, 1996.

TOLLEFSON, J. Battle of Yucca Mountain rages on: proposed interim storage unlikely to settle US debate. *Nature*, n. 473, p. 266-267, 2011. doi: 10.1038/473266a.

TRAGEDIES that made a difference. *Comp News*, 2014. Disponível em: <http://www.saif.com/employer/news/2378_3706.htm>. Acesso em: 6 out. 2014.

TREVERT, E. *Something about X rays – for everybody*. Lynn: Bubier, 1896.

UKAEA – UNITED KINGDOM ATOMIC ENERGY AUTHORITY. UKAEA's decommissioning strategy: submission to the nuclear installations inspectorate's quinquennial review. *Windscale site strategy*, v. 2, n. 5, 2001.

UNSCEAR – UNITED NATIONS SCIENTIFIC COMMITTEE ON THE EFFECTS OF ATOMIC RADIATION. *2008 report to the General Assembly with scientific annexes*: sources and effects of ionizing radiation. New York, 2010. v. 1.

U. S. DEPARTMENT OF ENERGY. *Human radiation experiments associated with the U. S. Department of Energy and its predecessors*. Washington, D. C., July 1995. Disponível em: <https://www.osti.gov/opennet/servlets/purl/16141769/16141769.pdf>.

U. S. DEPARTMENT OF ENERGY. *Budget of the U. S. Government*: fiscal year 2011. Appendix. 2010. Disponível em: <http://yuccamountain.org/docs/2010_02_01_doe_motion_%20to_stay_nrc_procedings.pdf>. Acesso em: 23 ago. 2017.

WALL, B. F.; HAYLOCK, R.; JANSEN, J. Y. M.; HILLIER, M. C.; HART, D.; SHRIMPTON, P. C. *Radiation risks from medical X ray examinations as a function of the age and sex of patient*. Chilton: Public Health, Oct. 2011. HPA-CRCE-028. ISBN 978-0-85951-709-6.

WASSERMAN, H.; GROENEWALD, W. Air kerma rate constants for radionuclides. *European Journal of Nuclear Medicine and Molecular Imaging*, v. 14, p. 569-571, 1988.

WELSOME, E. *The Plutonium Files*: America's secret medical experiments in the cold war. New York: A delta book, Dell Publishing, a division of Random House, 1999.

WHO – WORLD HEALTH ORGANIZATION. *Workshop on radiation risk communication in paediatric imaging*. 2012.

WICK, R. R.; NEKOLLA, E. A.; GAUBITZ, M.; SCHULTE, T. L. Increased risk of myeloid leukemia in patients with ankylosing spondylitis following treatment with radium-224. *Rheumatology*, v. 47, p. 855-859, 2008.

WILHELM Conrad Röntgen: biographical. *Nobelprize.org*, 2014. Disponível em: <http://www.nobelprize.org/nobel_prizes/physics/laureates/1901/rontgen-bio.html>.

WISE – WORLD INFORMATION SERVICE ON ENERGY; NIRS – NUCLEAR INFORMATION AND RESOURCE SERVICE. Chernobyl: chronology of a disaster. *Nuclear monitor*, n. 724, p. 1-19, 2011. ISSN 1570-4629. Disponível em: <http://www.nirs.org/mononline/nm724.pdf>. Acesso em: 7 jan. 2015.

WOLFGANG, B. Trump's former Las Vegas cohorts gird for battle to stop his Yucca Mountain nuclear waste plan. *The Washington Times*, Aug. 6, 2017. Disponível em: <http://www.washingtontimes.com/news/2017/aug/6/donald-trump-las-vegas-face-yucca-mountain-battle/>. Acesso em: 27 nov. 2017.

índice remissivo

E

F

G

H

I

J

K

L

M

N

O

P

Q

R

S

T

U

W

Y